Bildungsdienstleistungen
und Angebotsentwicklung

Waxmann Verlag GmbH
Steinfurter Straße 555, 48159 Münster
info@waxmann.com

Studienreihe Bildungs- und Wissenschaftsmanagement

Herausgegeben von
Anke Hanft

Band 4

Die Studienreihe ist hervorgegangen aus dem berufsbegleitenden internetgestützten Masterstudiengang Bildungsmanagement (MBA) an der Carl-von-Ossietzky-Universität Oldenburg.
www.mba.uni-oldenburg.de

Erhard Schlutz

Bildungsdienstleistungen und Angebotsentwicklung

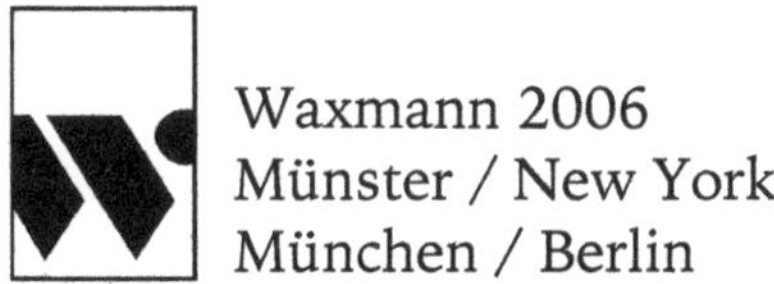

Waxmann 2006
Münster / New York
München / Berlin

Bibliografische Information Der Deutschen Bibliothek
Die Deutsche Bibliothek verzeichnet diese Publikation in der Deutschen Nationalbibliografie; detaillierte bibliografische Daten sind im Internet über http://dnb.ddb.de abrufbar.

ISSN 1861-3284
ISBN 3-8309-1646-9

Postfach 8603, D-48046 Münster

www.waxmann.com
info@waxmann.com

Umschlaggestaltung: Pleßmann Kommunikationsdesign, Ascheberg
Satz: Stoddart Satz- und Layoutservice, Münster
Druck: Hubert & Co., Göttingen
Gedruckt auf alterungsbeständigem Papier,
säurefrei gemäß ISO 9706

Inhalt

Vorwort

Bildung, da kann recht schnell Einigkeit erzielt werden, ist kein Wirtschaftsgut, das wie Schokolade konsumiert werden kann. Bildung, auch da herrscht Einigkeit, ist etwas Immaterielles, nichts, das man mit Händen greifen und benutzen kann. Was aber ist Bildung? Eine Definition fällt schwer und spaltet selbst Experten. Und dennoch gibt es Unternehmen, die Bildung anbieten und für ihre Leistungen Geld erwarten. Welcher Art sind die Güter, die sie anbieten? Handelt es sich um Dienstleistungen, wie sie von Handwerkern oder Versicherungsvertretern erbracht werden, deren Qualität über Gütesiegel bescheinigt werden kann? Nein, denn anders als manche andere Dienstleistungsanbieter bedürfen Bildungseinrichtungen zur erfolgreichen Erbringung einer Bildungsdienstleistung der aktiven Beteiligung ihrer Kunden. Das Ergebnis der erbrachten Leistung ist zu einem wesentlichen Anteil durch den Kunden gesteuert. Das „Produkt“ Bildung ist also etwas, das sich einer marktwirtschaftlichen Betrachtung nur schwer zugänglich zeigt und nach besonderen konzeptionellen Herangehensweisen verlangt.

Die Kernleistung von Bildungsanbietern besteht in der Bereitstellung von Bildungsangeboten. Der Prozess der Angebotsentwicklung, die Implementierung und Durchführung von Bildungsmaßnahmen und ihre Evaluation gehören zu den Kernkompetenzen von Bildungsanbietern, die Professionalisierung dieses Bereichs steht daher im Mittelpunkt jeden Bildungsmanagements.

Bildungsanbieter müssen ihre Leistungen und deren Wert für Nachfrager transparent und nachvollziehbar machen. Den Wert der erbrachten Leistung kann der Nutzer im Allgemeinen erst nachträglich einschätzen, wenn das erlangte Zertifikat seine Karrierechancen verbessert oder die erworbenen Sprachkenntnisse bei einem Auslandsaufenthalt erfolgreich eingesetzt werden können. Bei der Entscheidung für ein Bildungsangebot ist der spätere Nutzen nicht immer absehbar. Umso bedeutsamer ist es für den Nutzer, die persönliche Investition in Bildung, ob sie in Form von Zeit und/oder Geld erfolgt, möglichst in einer Weise vorzunehmen, die Aufwand und Ertrag in ein angemessenes Verhältnis rückt. Auch bei gründlicher Abwägung von Bildungsalternativen bleibt die Unsicherheit, ob der gewählte Bildungsweg tatsächlich der effektivste ist und Bildungsziele nicht auch auf anderem Wege hätten erreicht werden können. Diese Unsicherheit der Bildungsnachfrager wächst mit der gegenwärtig feststellbaren Ausweitung des Bildungsangebots, mit der Vervielfältigung von Bildungswegen und der wachsenden Ungewissheit hinsichtlich des persönlichen Bildungsnutzens.

Umso mehr kommt es für Bildungsanbieter darauf an, die Qualität ihrer Leistungen nach außen sichtbar zu machen. Sich als Anbieter eines erkennbaren „Markenprodukts“ zu positionieren setzt die planvolle Entwicklung und Implementierung von Bildungsangeboten sowie die Fokussierung und Bündelung der Angebote entlang eines erkennbaren Profils voraus. Bildungsanbieter, die dies erreichen, halten eine verlässliche Leistung vor und genießen das Vertrauen ihrer Kunden, sie erfüllen Qualitätserwartungen und erwerben Wettbewerbsvorteile gegenüber anderen Anbietern.

Eine gleichbleibende Angebotsqualität und die stetig verbesserte Angebotsentwicklung ist eine wichtige Voraussetzung für die erfolgreiche Positionierung am Markt. Bildungsunternehmen, die es versäumen, ihre Schlüsselprozesse durch ständige Optimierung an wettbewerbsfähigen Standards auszurichten, riskieren ihre Position in einem immer schärfer werdenden Wettbewerbsumfeld.

Im vorliegenden Band entfaltet Erhard Schlutz, einer der profundesten Kenner der Erwachsenenbildung in Theorie und Praxis, die wichtigsten Bausteine einer konzeptionell eingebundenen Angebotsentwicklung. Von der Bedarfserschließung bis hin zur Realisierung eines Angebots werden in systematischer Folge alle Managementschritte dargelegt. Zuvor befasst er sich mit der grundlegenden Frage, ob und wie Bildung in eine betriebswirtschaftliche Systematik eingebettet werden kann. Erstmalig verbindet er damit erwachsenenpädagogische und didaktische Überlegungen mit denen des Dienstleistungsmarketings und der Betriebswirtschaftslehre. Ein disziplinübergreifender Ansatz, der aus der Perspektive der Erwachsenenbildung Marketingaspekte dort integriert, wo dies tragfähig erscheint und zu fruchtbaren Weiterentwicklungen führt.

Mit dem vierten Band der Studienreihe „Bildungs- und Wissenschaftsmanagement“ wird damit ein weiterer wichtiger Beitrag zur theorie- und forschungsgeleiteten Fundierung des Bildungsmanagements erbracht. Im Mittelpunkt stehen die Kernprozesse in Bildungs- und Wissenschaftseinrichtungen, somit die Mikroebene des Managements.

Wie alle anderen Bände ist auch dieser als Studientext angelegt, das bedeutet, dem interessierten Leser nicht nur einen wissenschaftlich fundierten aktuellen Überblick über ein Fachgebiet zu ermöglichen, sondern ihm gleichzeitig Hilfestellung für die Erarbeitung zu bieten. Daher ist der Band mit Stichwortverzeichnis, Glossar, Literaturverzeichnis und zusätzlichen Literaturempfehlungen versehen. Jedem Kapitel sind zudem Diskussionsfragen angefügt, die die wichtigsten Aspekte des jeweiligen Themas aufgreifen.

Mit der Studienreihe wird erstmalig im deutschsprachigen Raum von ausgewiesenen Experten eine systematische und wissenschaftlich fundierte Erschließung des Themas Bildungs- und Wissenschaftsmanagement in der Schnittstelle zwischen betriebswirtschaftlicher und institutioneller Analyse unter Einbeziehung des rechtlichen und politischen Managementumfeldes vorgenommen. Wir hoffen damit einen Beitrag zu leisten zu einer institutionengerechten Professionalisierung des Managements von Bildungs- und Wissenschaftsorganisationen.

Die Studienreihe ist hervorgegangen aus Studienmaterialien des berufsbegleitenden MBA-Studienganges „Bildungsmanagement“ an der Universität Oldenburg, der sich an leitende Beschäftigte in Bildungs-, Weiterbildungs- und Wissenschaftsorganisationen richtet (www.mba.uni-oldenburg.de) und vom Stifterverband für die Deutsche Wissenschaft gefördert wird. Alle Autoren dieser Reihe sind als Dozenten am Studiengang beteiligt.

Anke Hanft

Einführung

In diesem Band geht es um das Gut oder den Gegenstand, den Weiterbildungseinrichtungen anbieten und vermitteln.

Ist es wichtig, sich im Rahmen von „Bildungs- und Wissenschaftsmanagement" damit zu beschäftigen? Hat man nicht Beispiele genug, dass erfolgreiche Unternehmensführer die Branche wechseln, um dort ebenso erfolgreiche Sanierungsarbeit zu vollbringen, ohne das Produkt genauer zu kennen? Große Konzerne haben in den vergangenen Jahren andere Unternehmen aufgekauft, auch solche mit andersartigen Produkten oder Leistungen: also Warenhauskonzerne haben Reiseunternehmen übernommen usw. Das scheint doch dafür zu sprechen, dass Management eine eher gegenstandsneutrale Funktion und Kompetenz ist.

Was glauben Sie selbst: Kann gutes Management weitgehend branchen- und gegenstandsunabhängig wirken, oder muss es sich am spezifischen Gegenstand bzw. den Zieltätigkeiten des Unternehmens orientieren?

Eine rein ökonomische Argumentation scheint die erstgenannte Ansicht zu unterstützen. Das „Gut" hat nach der neueren Nutzen- und Werttheorie keinen eigenen oder gar „inneren" Wert, sondern sein Wert ergibt sich aus seinem Nutzen für den Abnehmer und einer gewissen Knappheit. Dem entspricht ein Trend, alle anderen Aufgaben eines Betriebes vom Marketing her zu definieren oder doch mitzudefinieren. Nicht der Gegenstand bestimme das Marketing, sondern dieser müsse umgekehrt schon bei seiner „Produktion" unter dem Gesichtspunkt des Absatzes und der Kundenwünsche gestaltet werden. In der neueren betriebswirtschaftlichen Diskussion wird Marketing eben nicht nur als eine von mehreren Funktionen der Unternehmensarbeit verstanden, sondern als umfassendes „marktorientiertes Führungskonzept" (so Bieberstein 2001, S. 22).

Nun wird einer solchen Sicht schon innerhalb der Betriebswirtschaftslehre widersprochen: Jeder Betrieb, jede Einrichtung habe noch andere Ziele und gewichtige Aufgaben, die nicht alle dem Gesichtspunkt des Marketing unterzuordnen seien (z.B. Müller-Hagedorn 2003). Ein Betrieb ist eben nicht nur ein Wirtschaftsbetrieb, sondern folgt noch anderen Zielsetzungen und Rationalitäten. Das führt gerade bei Belegschaften mit hohem Professionalisierungsgrad oft zu Zielkonflikten, etwa zwischen „Pädagogik und Verwaltung". So, wenn eine Fachabteilung eine aufwändige didaktische Innovation plant, die Finanzabteilung oder die Geschäftsführung sich aber dagegen wendet, weil dadurch die finanzielle Situation der Einrichtung zunächst geschwächt würde. Selbstverständlich dürfen Unternehmen nicht grundsätzlich gegen wirtschaftliche Regeln verstoßen, wenn sie bestehen wollen. Und natürlich ist es im Interesse jedes Anbieters – eines gewinnorientiert ebenso wie eines gemeinwirtschaftlich arbeitenden –, nutzenstiftende Leistungen zu erbringen und damit die Frage ihres Absatzes schon frühzeitig in seine Arbeit einzubeziehen.

Würde man aber allein auf ökonomisch-organisatorische Prioritäten setzen, ohne die anderen Kompetenzen einzubeziehen – in Bildungseinrichtungen vor allem pädagogisch-didaktische und fachlich-gegenstandbezogene –, so liefe man

Gefahr, das zu vermittelnde Gut um seine Eigenart und damit letztendlich auch um seinen möglichen besonderen Nutzen zu bringen! Der Betrieb würde in seiner Besonderheit nicht mehr wahrgenommen, nach innen und außen seine Identität verlieren. Das Gut bzw. die konkret vermittelbaren Gegenstände stellen gleichsam den Kern der Bildungsunternehmung dar oder doch ihr Spezifikum, das sie von anderen Branchen und anderen Anbietern unterscheidet. Das Gut macht einen wesentlichen Teil auch des Selbstverständnisses und der Kompetenzen der Mitarbeiter aus und trägt damit zur Corporate Identity bei. Es steht im Mittelpunkt der Hauptaktivitäten der Unternehmung – im klassischen Verständnis: Beschaffung, Produktion, Absatz – und bestimmt in wesentlichem Maße die Art der unternehmensspezifischen Arbeitsanforderungen.

Dem widerspricht nicht, dass ein Management auf einem hohen Abstraktions- und Führungsniveau agieren kann, wenn – wie in Großbetrieben – genügend Fachkompetenz im Hause ist. Die neuere Tendenz von fusionierten Unternehmen, sich wieder auf das „Kerngeschäft" zu besinnen oder zurückzuziehen, spricht aber auch für die Einsicht, dass das besondere Gut (ebenso wie die damit verbundene Organisationskultur) besonderer Aufmerksamkeit bedarf. Insofern werden wir in diesem Studientext den Gegenstand auch als Spezifikum des Bildungsunternehmens betrachten und dessen Kreation, Konstruktion und Entwicklung als eine eigenständige Hauptaktivität des Anbieters, die allerdings mit der Marketingaufgabe eng verzahnt ist. Man könnte das Anliegen dieses Studientextes auch so zusammenfassen: Es geht um „Grundlagen der Leistungspolitik" von Weiterbildungseinrichtungen. Dazu sollen betriebswirtschaftliche und pädagogisch-didaktische Aspekte gegenüber gestellt und nach Möglichkeit miteinander verbunden werden.

Die Hauptinhalte dieses Buches werden in vier Kapiteln behandelt, die ich Ihnen hier vorab in Form von Leitfragen vorstellen möchte.

1. Was ist das Charakteristikum des besonderen „Gutes", das Weiterbildungseinrichtungen „vermitteln" oder „verkaufen"? Welche Folgen ergeben sich daraus im Hinblick auf die Erwartungen der Nutzer und die Aufgaben der Anbieter sowie die beiderseitige Rollenverteilung?

Dies Kapitel soll Grundlagen für die folgenden liefern. Insofern wird etwas weiter ausgeholt, um die Besonderheiten des Wirtschaftsgutes Weiterbildung herauszuarbeiten. Dazu werden die spezifischen Leistungen von Bildungsanbietern im Vergleich mit anderen wirtschaftlichen Leistungen (Produktabsatz, weitere Dienstleistungstypen) verdeutlicht. Gerade dieser Vergleich wird zu erkennen geben, welche besonderen Anforderungen die Vermittlung von Bildungsangeboten an die Anbieter, aber auch an die möglichen Nutzer stellt. Letztere stehen damit auch vor der Frage, ob sie überhaupt Leistungen von Bildungsanbietern wahrnehmen oder auf (autodidaktische) Eigenarbeit zurückgreifen sollen. Die Gestaltung besonderer Beziehungen zwischen Anbietern und Nachfragern erweist sich damit als wichtige Aufgabe.

2. Wie können Bildungsbedarfe und Bildungsangebote möglichst frühzeitig aufeinander abgestimmt werden? Welche Vorgehensweisen sind – bei unterschiedlichem Aufwand – denkbar?

Die Nachfrage nach Bildungsangeboten hängt wesentlich davon ab, dass ein entsprechender Bedarf vorhanden ist und dass das Angebot auf einen konkreten Bedarf zugeschnitten wird. Weiterbildungsanbieter müssten also ein großes Interesse daran haben, über Hintergrundwissen zum möglichen Bildungsbedarf und zur allgemeinen Bildungsbeteiligung zu verfügen, aber auch konkretere Strategien und Vorgehensweisen kennen, um selbst zu einem möglichst frühen Zeitpunkt Nutzerbedürfnisse zu ermitteln und in das entsprechende Bildungsangebot einzubeziehen. Dies wird aber viel seltener systematisch vorgenommen als eigentlich nötig. Der Grund dafür ist nicht nur in einer gewissen Nachlässigkeit oder auch in mangelnder Nutzerorientierung zu suchen, sondern liegt auch in der theoretischen und praktischen Schwierigkeit, Bildungsbedarf und -motivation angemessen zu erfassen. Das Kapitel möchte neben Grundlagen vor allem auch praktische Ansätze der Bedarfserschließung vorstellen. Wegen der Bedeutung dieses Problems wird ihm ein eigenes Kapitel gewidmet. In der praktischen Arbeit ist die Bedarfserschließung eng mit der Angebotsgestaltung verbunden, die erst im dritten Kapitel behandelt wird.

3. Welche Schritte tragen zur systematischen Angebotsentwicklung bei? Welchen didaktischen Kriterien und organisatorischen Erfordernissen müssen Konzeptionierung und Realisierung der Leistung genügen?

Die Schaffung eines neuen Bildungsangebots durchläuft mehrere Phasen, von der Ideenfindung über die Konzeptionierung und erste Realisierung bis hin zur Auswertung, die über seine Beibehaltung oder Veränderung entscheidet. Ganz grob kann man dabei zwei Hauptaktivitäten und Zielsetzungen unterscheiden: die Konzeptionierung des Angebots (und des Leistungspotenzials) sowie die Erbringung der Leistung.

In diesem Kapitel werden wir uns natürlich nicht allen Fragen von Service Design und Management einschließlich ihrer didaktischen Grundlegung widmen können. Vielmehr sollen Grundzüge der didaktischen Konzeptionierung soweit beispielhaft dargestellt und durchgespielt werden, dass Sie über Schritte und Kriterien verfügen, um eine eigene Angebotsplanung systematischer vornehmen und fremde Konzeptionen zielgerichteter überprüfen und bewerten zu können. Es wird also von einem Berufsbild ausgegangen, bei dem es nicht um die tagtägliche Durchführung von Seminarangeboten geht. Gleichwohl sind entsprechende Grundkenntnisse und Lehrerfahrungen wichtige Voraussetzungen für Aufgaben des Bildungsmanagements. Auf weiterführende Literatur wird hingewiesen.

4. Welche Veränderungen von Bildungsdienstleistungen zeichnen sich ab oder sind zu erwarten? Welche Ansätze einer innovativen Angebotsgestaltung und Programmpolitik sind denkbar?

Mit diesen Fragen wird die Schnittstelle zwischen „Produktentwicklung" und Marketing tangiert. Dabei geht es zunächst darum, wie sich die Angebotsentwicklung in eine stringente Angebotspolitik einfügt. Im Mittelpunkt soll aber eine Frage stehen, die derzeit recht aktuell erscheint und sowohl die grundsätzlichen Überlegungen des ersten als auch die praktischen Arbeitshinweise des dritten Kapitels ergänzt: die Frage nach Herausforderungen, aber auch nach Hindernissen für Innovationen im Bildungsangebot. Es werden realisierte Innovationen vorgestellt, auch solche, die die bisherigen Angebotsformen und Leistungstypen der Weiterbildung weitgehend verändern könnten. Daraus können sich Konsequenzen für eine innovative Gestaltung des einzelnen Angebots (Kap. 3) wie auch für Möglichkeiten einer Innovationspolitik insgesamt ergeben.

Zusammengefasst im Hinblick auf Ihre eigene Kompetenzbildung: Das **erste Kapitel** soll vor allem der Orientierung und Reflexion darüber dienen, was eigentlich das Besondere des Gegenstandes Weiterbildung und damit der Weiterbildungseinrichtung bzw. ihrer Aufgabenstellung aus betriebswirtschaftlicher Sicht ist.

Im **zweiten Kapitel** geht es auch um Hintergrundwissen über Weiterbildungsbeteiligung und Nutzererwartungen, vor allem aber um Handlungswissen und -möglichkeiten im Hinblick auf die Bedarfsermittlung.

Dieser Praxisaspekt wird im **dritten Kapitel** noch verstärkt, in dem Schritte und Entscheidungsnotwendigkeiten zur Angebots- oder Leistungsentwicklung vorgestellt und realisiert werden.

Das **letzte Kapitel** führt darüber hinaus, indem nach Möglichkeiten der „Grenzüberschreitung" bisher üblicher Angebots- und Dienstleistungsformen und nach einer innovativen Angebotspolitik gefragt wird.

Insgesamt geht es darum, Sie – auf dem Hintergrund Ihrer bisherigen Erfahrungen – dabei zu unterstützen, eine reflektierte bedarfsgerechte und möglichst innovative Angebotsentwicklung zu betreiben.

1 „Bildung ist doch keine Ware!" Weiterbildung als Wirtschaftsgut

„Bildung ist doch keine Ware!" Dieser – meist empörte – Ausruf ist oft in Diskussionen über das Verhältnis von Wirtschaft und Bildung zu hören. Stimmt er oder stimmt er nicht?

Das kommt darauf an, wie er gemeint ist. Denn der Satz drückt einen Protest aus, sagt aber noch nicht genau, wogegen eigentlich. Wenn gemeint wäre: „Bildung ist kein Billigprodukt, kein Ramschartikel", oder: „Bildung lässt sich nicht einfach konsumieren", – dann könnten die meisten von uns wohl zustimmen. Wäre aber eine ordnungspolitische Überzeugung angesprochen (etwa „Die Versorgung mit Bildung sollte nicht einfach dem „Markt" überlassen werden."), dann gingen die Meinungen wohl weit auseinander.

Uns muss eine dritte Auslegungsvariante besonders interessieren, die grundlegender ist, weil bezweifelt wird, dass Bildung überhaupt durch wirtschaftliche Tauschprozesse vermittelt werden kann: „Bildung ist als Persönlichkeitsentwicklung ein so einmaliges und hochwertiges Gut: Das lässt sich nicht auf dem Wege von Angebot und Nachfrage, von Kauf und Verkauf vermitteln!" Stimmt der Eingangssatz „Bildung ist doch keine Ware!" etwa in diesem Sinne?

Ja und Nein! Denn der Satz enthält zugleich etwas Richtiges und etwas Manipulatives.

Bildung, verstanden als innerer Zuwachs und Selbstentwicklung des Menschen, ist an sich tatsächlich keine verfügbare Ware, weder für Anbieter noch für Nutzer. Daraus lässt sich aber nicht folgern, wie es der Satz indirekt suggeriert, deshalb könnten Bildungsanbieter nichts Relevantes vermitteln.

Was bieten Weiterbildungseinrichtungen eigentlich an, wenn sie beispielsweise einladen zu Englischkursen, Studienreisen, Produktschulungen, Managementtrainings, Entspannungs- und Bewegungsübungen, Orientierungswochenenden zu aktuellen Fragen? Konkreter: Was können sie den Nutzern als handfesten Gewinn aus einer entsprechenden Teilnahme versprechen? Ein durch Bildung erfülltes Leben? Sicherlich nicht als vertraglich zuzusichernde Leistung. Oder schlichter: einen eindeutig definierbaren Lernerfolg, z.B. das Bestehen einer Abschlussprüfung?

Auf dem Weiterbildungsmarkt wären solche Garantien sicher ein wesentlicher Konkurrenzvorteil und manche Angebote übertreiben ihre Erfolgsmöglichkeiten sicherlich. Aber ein seriöser Anbieter sollte solche weitgehenden – möglicherweise einklagbaren – Versprechungen nicht machen. Er kann und sollte zusagen, dass er all seine Potenziale und Mittel einsetzen wird, um dem Interessenten zu einem entsprechenden Lernerfolg zu verhelfen: zum Englisch-Zertifikat, zu einer angemesseneren Erfüllung seiner Management-Aufgaben, zu gesteigerter Fähigkeit und Fertigkeit im Entspannen, zum größeren Durchblick beim Betrachten der politischen Lage usw. Aber er wird das Erreichen dieser Ziele nicht garantieren können, weil er eben über die Bildung der Nachfrager nicht wirklich verfügen kann. Wobei der größte Unsicherheitsfaktor in der Leistungsfähigkeit und Leistungswilligkeit der Teilnehmer selbst besteht.

Weiterbildungseinrichtungen haben es mit einem komplexen und anspruchsvollen Gut zu tun, zu dessen Erlangung sie selbst aber nur Teilleistungen, z.B. Unterstützungsleistungen für das Lernen der Interessenten, anbieten können. Betriebswirtschaftlich betrachtet sind es Dienstleistungen, die Weiterbildungseinrichtungen anbieten.

Mir gefällt das Wort „Dienstleistung“ an sich gut, weil es den Leistungswillen des Anbieters zum Ausdruck bringt, aber auch seine Bescheidenheit, nur einen „Dienst“ im Hinblick auf die Gesamtleistung und den Erfolg des Nutzers erbringen zu können. Im Englischen heißt „Dienstleistung“ einfach nur „service“ (Dienst), während Service im deutschen Sprachgebrauch meist beschränkt wird auf wünschenswerte, aber nicht unbedingt nötige Zusatzleistungen.

Im Folgenden möchte ich Sie einladen, mit mir zu überlegen, was denn Dienstleistungen von anderen wirtschaftlichen Leistungen unterscheidet und was schließlich das Besondere an Bildungsdienstleistungen ist. Dies geschieht in der Hoffnung, dadurch zugleich etwas über Voraussetzungen der Gestaltung, des Managements und Marketings von Bildungsdienstleistungen zu erfahren.

1.1 Dienstleistungen: Merkmale und Definition

Definition:
Als Dienstleistung werden alle wirtschaftlichen Leistungen bezeichnet, die nicht in Form fertiger Produkte übergeben oder getauscht werden können, sondern durch einen Prozess vermittelt werden

Dienstleistungen können z.B. sein: die Reparatur von Kraftfahrzeugen, das Spielangebot eines Glücksspielautomaten, das Haareschneiden, die ärztliche Behandlung, eine organisierte Urlaubsreise, eine Theateraufführung. Man merkt an dieser Aufzählung, dass der Begriff der Dienstleistung eine Art Sammel- und Restkategorie für all die wirtschaftlichen Tätigkeiten darstellt, die nicht der Landwirtschaft oder der reinen Produktion zugeordnet werden können.

Das lässt den Begriff zunächst recht unpräzise erscheinen. Deshalb ist in der neueren betriebswirtschaftlichen Diskussion auch schon darüber gestritten worden, ob es sich überhaupt lohnt, Produkte und Dienstleistungen unterscheiden zu wollen. So wehrt Kotler, einer der wichtigsten Autoren zum Marketing-Management, diese Unterscheidung ab mit dem Argument, auch mit jedem Produkt solle letztlich eine Dienstleistung ermöglicht werden. Der Käufer eines Wagens kaufe diesen nicht als Selbstzweck, sondern um damit zu fahren (Kotler/Bliemel 2001). Auf der anderen Seite zeigen schon die ersten Versuche, das Besondere an Dienstleistungen herauszuarbeiten (vgl. z.B. Biehal 1994, Bieberstein 2006, Haller 2002), wie nützlich diese Unterscheidung sein kann. Denn sie hilft uns besser zu verstehen, was der Arbeitsgegenstand von Dienstleistern ist und worin Aufgaben und

Schwierigkeiten des Managements und Marketings von Dienstleistungen – im Vergleich zum Produktmanagement – liegen könnten.

Dabei ist es allerdings sinnvoll, Produkte und Dienstleistungen nur auf einer ähnlichen Anspruchsebene zu vergleichen. Wenn Weiterbildner dagegen in empirischen Untersuchungen zum Marketing (Möller 2002, Rein 2001), um ihr wirtschaftliches Denken zu demonstrieren, ihr Angebot und ihre Tätigkeit vergleichen mit einer Kassiererinnentätigkeit bei „Aldi“ oder einer Fließbandproduktion, dann erbringt dies nichts für ein wirkliches Verständnis der eigenen Dienstleistung. Vergleicht man aber Herstellung und Absatz eines komplexeren Produkts, z.B. einer EDV-Ausrüstung, mit Angebot und Realisierung einer anspruchsvolleren Dienstleistung, z.B. einer EDV-Schulung, dann werden die Unterschiede bedeutsamer.

Was unterscheidet nun Dienstleistungen auf der einen und Produkte oder Sachgüter auf der anderen Seite?

In der Literatur werden dazu viele Merkmale genannt, die sich allerdings immer auf drei Grundunterschiede zurückführen lassen: die Immaterialität von Dienstleistungen, die Gleichzeitigkeit von Erstellung und Aneignung der Leistung sowie die dadurch verlangte Einbeziehung des „Kunden“ in den Leistungsprozess (vgl. Haller 2002, S. 5ff., Bieberstein 2006, S. 28). Diese zentralen Unterscheidungsmerkmale sind in der folgenden Tabelle fett gesetzt.

Merkmale	
Typisches Sachgut	**Typische Dienstleistung**
▪ **Gegenständlich**, vorzeigbar	▪ **Immateriell**, nicht vorzeigbar
▪ Vor Kauf prüfbar	▪ Nicht prüfbar, Erfahrungsgut
▪ Qualität messbar	▪ Qualität schwer messbar
▪ Produkt ist lagerfähig und transportierbar	▪ Leistung nicht lager- und transportfähig, vergänglich
▪ **Trennung von Produktion und Konsum**	▪ **Gleichzeitigkeit von Leistungserstellung und -aneignung**
▪ Besitzwechsel des Produkts durch Kauf	▪ Kein Eigentumswechsel
▪ Produkt erhält Form im Produktionsprozess	▪ Leistung erhält Form erst im Dienstleistungsprozess
▪ **Produktionsprozess ohne Käufer**	▪ **Leistungsprozess mit Käufer (externem Faktor)**

Abbildung 1.1:
Unterscheidungsmerkmale von Sachgütern und Dienstleistungen

Dienstleistungen sind nicht fertig und damit vorzeigbar oder gar in ihrer Qualität überprüfbar, wenn sie angeboten werden. Für den Käufer ergeben sich dadurch Bewertungsschwierigkeiten. Eher ein Anbieternachteil ist, dass Dienstleistungen nicht lagerfähig sind, d.h. man kann sie nicht ohne Schwierigkeiten später als geplant verkaufen, was zu Kapazitätsproblemen bei zu hoher oder zu niedriger Nachfrage führen kann.

Weil es keinen Besitzwechsel durch Kauf gibt, finden „Produktion“ und „Konsum“ von Dienstleistungen – oder Leistungserstellung und -aneignung – zugleich statt (sogenanntes „Uno-actu-Prinzip“). Während der Käufer eines PC diesen nach Hause trägt und selbständig in Benutzung nimmt, beginnt nach dem Erwerb einer EDV-Schulung der eigentliche Leistungsprozess, in dessen Gestaltung der Leistungsnutzer einbezogen wird. Der Grad der Integration kann sehr unterschiedlich sein, indem der Käufer z.B. beim Friseur den Kopf hinhält, indem er sich den Schauspielern ein paar Stunden aussetzt oder indem er sich sogar auf eine lange und aufreibende Wüstenexpedition begibt. Oft stellt der Käufer dem Dienstleister auch nur ein Produkt zur Verfügung – z.B. sein Auto bei der Kfz-Reparatur –, an dem die Leistung vollzogen wird (sogenannte „Integration eines externen Faktors“).

Der Hinweis „typisch“ in den Tabellenüberschriften will andeuten, dass die Merkmale und Unterscheidungen nicht auf jedes Produkt und jede Dienstleistung im gleichen Maße zutreffen. Das liegt auch daran, dass Güter und Dienstleistungen jeweils aus unterschiedlichen Komponenten bestehen können, die Elemente des anderen Typs einschließen. Zum Beispiel ist für das Gelingen einer Hotelübernachtung ohne Zweifel das Materielle (Art und Lage des Hauses, Beschaffenheit der Betten usw.) ausschlaggebend. Und Bildungsdienstleistungen können mit Hilfe von Lehrbüchern oder anderen Speichermedien erbracht werden, die zweifellos für sich betrachtet Produkte darstellen. Entscheidend für die Einordnung in Sachgüter und Dienstleistungen ist dabei die Hauptfunktion bzw. die Frage, was der Nutzer erwirbt. Im Hotel eben nicht die räumliche Anlage, sondern die möglichst geruhsame Nacht und gekonnte Versorgung und in der Weiterbildungseinrichtung nicht das Lehrbuch, sondern die professionelle Unterstützung eines Lernprozesses.

Einige Autoren (z.B. Bieberstein 2006) betonen deshalb zur besseren Unterscheidung besonders die Art und Abfolge des *Erstellungsprozesses* bei Sachgütern auf der einen, Dienstleistungen auf der anderen Seite. Weil der eigentliche „Produktions-„ oder Leistungsprozess in der Dienstleistung mit dem Nutzer zusammen stattfindet, verschieben sich die Arbeitsphasen gegenüber der Güterproduktion in besonders auffälliger Weise. Bei der Dienstleistung (rechte Tabellenhälfte) wird zum besseren Verständnis das Beispiel eines Seminarangebots unterstellt.

Arbeitsphasen	
Güterproduktion	**(Bildungs-) Dienstleistung**
Beschaffung (***Potenzial***)	Ressourcen- und Bedarfsprüfung
Produktions***prozess***	+ Angebotsgestaltung (***Potenzial***)
Produktabsatz	Erwerb der Leistungszusage
	Lehr-Lern-***Prozess***
	Lern***ergebnis*** („*Produkt*“)

Abbildung 1.2:
Arbeitsphasen bei der Erstellung von Gütern und Dienstleistungen

Bei der Dienstleistung kann man wie bei der Produktion Phasen der Potenzial-, Prozess- und Ergebnisorientierung unterscheiden. Während aber der Produktionsbetrieb in der Regel bei der Produkterstellung „unter sich" bleibt und dem Kunden in der Regel erst in dem Moment begegnet, in dem das Produkt abgesetzt und abgegeben wird, findet bei der Dienstleistung der eigentliche Erstellungsprozess erst nach der Leistungsvereinbarung (z.B. durch Anmeldung) statt, und zwar weitgehend mit dem Nutzer zusammen. Dieser kann auch schon – bei einer strikt nachfrageorientierten Vorgehensweise – in die Phase der Angebotsgestaltung, z.B. mit Hilfe einer Bedarfsermittlung, einbezogen werden.

Das Absatzobjekt der Dienstleistung ist also kein fertiges Produkt, sondern eine Bereitstellung von Leistungsfähigkeit oder eine Leistungszusage, die in einem anschließenden gemeinsamen Realisierungsprozess eingelöst wird. Das „Produkt" – wenn man denn überhaupt einen solchen Begriff hier benutzen kann – ist das Ergebnis des Dienstleistungsprozesses, in der Weiterbildung das immaterielle Lernergebnis. Das vom Nutzer angestrebte Ergebnis wird in seiner Gänze erst am Ende des Dienstleistungsprozesses erreicht oder sogar erst danach, in einem *„Folgeergebnis"* (Haller 2002, S. 10), wozu in der Weiterbildung das Bestehen einer externen Prüfung oder das Erlangen eines kompetenz-entsprechenden Arbeitsplatzes gehören könnte.

Exkurs zum Sprachgebrauch von „Produkt" und „Dienstleistung"

Hier werden Sie vielleicht einwenden wollen: In unserer Bildungsabteilung oder in einer bekannten Bildungseinrichtung wird aber von *„Produkten"* gesprochen, die erstellt und angeboten werden.

Mit dem Begriff „Produkt" wird die Terminologie der Produktionswirtschaft übernommen. In die öffentliche Verwaltung, also z.B. auch in die Volkshochschulen, hat diese Begrifflichkeit die Kommunale Gemeinschaftsstelle für Verwaltungsvereinfachung (KGst) eingeführt, und zwar mit dem Übergang zu Budgetierung, Kosten- und Leistungsrechnung. Dabei hat die KGst bei der Definition des Produktbegriffs schon größte Schwierigkeiten: „Ein Produkt ist eine Leistung..." (KGst 1994, S. 11). Das stimmt schon nicht mit dem üblichen Sprachgebrauch überein, wonach ein Produkt ein Erzeugnis oder allenfalls ein Leistungs*ergebnis* darstellt. Aus Verwaltungssicht sind dann unterschiedliche Angebotsformen von Bildungsanbietern als „Produkte" zu bezeichnen, wie Seminare, Kurse, Lehrmaterialien, Studienreisen usw.

Das sind selbstverständlich Arbeitsergebnisse des Anbieters, insofern dafür Konzepte entworfen, organisatorische Vorleistungen erbracht worden sind usw. Es sind aber nicht die „Produkte", die der Abnehmer erwartet und honoriert. Dieser erwartet Unterstützung beim Lernen, also eine lebendige Leistung. Unter „Produkt" würde er vielleicht den Lernerfolg, die angestrebte Kompetenzstufe verstehen. Die Verwendung des Produktbegriffs für Angebotsformen von Dienstleistungen ist nicht nur ungenau, sondern halbiert den eigentlichen „Produktionsprozess„ komplexer Dienstleistungen. Die Stelle des Produktes beim Absatz von Sachgütern nimmt im Dienstleistungsmarketing ein Leistungsangebot ein (so auch Bieberstein 2006, Haller 2002), das beim Erwerb zur Leistungszusage wird, die in einem gemeinsamen Prozess realisiert werden muss. Von Leistungsangeboten, nicht von Produkten sollte man im Dienstleistungsbereich sprechen!

Bei dieser Unterscheidung sollte es nicht um einen Streit um Worte gehen. Selbstverständlich kann man vereinbaren, jedes Absatzobjekt – ob beim Vertrieb von Produktionsgütern oder von Dienstleistungen – als Produkt zu bezeichnen. Sondern es geht um Zuständigkeit und Verantwortung: Während die Verantwortung in der Güterproduktion – abgesehen von Garantiefristen – mit dem Verkauf des fertigen Produktes endet, beginnt die zentrale Verantwortlichkeit der Dienstleistungsanbieter erst mit dem Verkauf oder der Leistungsvereinbarung. Denn es wird nichts Fertiges, ein „Produkt", sondern eine Leistungszusage veräußert, die in einem relativ offenen Prozess eingelöst werden muss. Mir geht es um die Zuständigkeit und Verantwortlichkeit für diesen Prozess. Der Begriff „Produkt" könnte eine ungünstige Neigung mancher Weiterbildungsanbieter (und einiger Qualitätssicherungssysteme) noch verstärken, die eigene Leistungskraft bei der Angebotserstellung und -vermarktung zu verausgaben und der Leistungsrealisierung und dem Lernerfolg kaum noch Aufmerksamkeit zu schenken, indem man sie gleichsam an lehrende „Subunternehmen" delegiert, – ohne den Kunden davon zu unterrichten, dass man sich auf Agenturfunktionen beschränkt.

Abschließend zur Frage „Produkt oder Dienstleistung": Bezeichnungen kann man im Grunde vereinbaren, wie man will. Nützlicher sind allerdings Begriffe, die erkennbare Unterschiede auch verdeutlichen. Insofern meine ich: Der Prozesshaftigkeit des Weiterbildungsguts und der Gesamtaufgabe von Bildungsanbietern entspricht der Begriff der „Dienstleistung" besser.

Versuchen wir eine zusammenfassende Definition der Dienstleistung (in Anlehnung an Haller 2002, S. 11):

Definition:

Dienstleistungen sind selbständige, marktfähige Leistungen, die zur Erstellung eines mehr oder weniger immateriellen Gutes beitragen sollen (also nicht durch Besitzwechsel eines Produkts erbracht werden).

Dazu wird zunächst ein Leistungs**potenzial** angeboten, das als Absatzobjekt dient. Der Leistungs**prozess** findet durch Kombination interner Faktoren (betriebseigene Maschinen, Personal) und externer Faktoren (Objekte oder Personen der Nachfrageseite) statt. Angestrebt wird ein Leistungs**ergebnis**, durch das nutzenstiftende Wirkungen an den externen Faktoren erzielt werden (oder gemeinsam mit ihnen).

Beispiele:

Eine Autowerkstatt bietet ihr know how zur Reparatur an, um die Fahrbereitschaft eines Autos für einen Kunden zu erhalten oder wiederherzustellen (objektbezogene Dienstleistung). Der Kunde vereinbart beispielsweise eine Inspektion, stellt dafür der Werkstatt sein Auto (externer Faktor) zur Verfügung, deren Personal mit entsprechenden Werkzeugen (interne Faktoren) die Reparatur durchführt. Ob die Inspektion gewissenhaft durchgeführt wurde, ist nur zum Teil überprüfbar, ansonsten Erfahrungs- und Vertrauenssache.

Ein Patient begibt sich zu einem Arzt, dessen Leistungsfähigkeit er schätzt, um Vorsorge für seine Gesundheit zu treffen (stärker personenbezogene Dienstleistung). Der Arzt (interner Faktor) nimmt entsprechende Standarduntersuchungen am Patienten (externer Faktor) vor, ggf. mit Hilfsmitteln und Labor (interne Faktoren).

Die Befunde machen keine spezifische Behandlung notwendig, wohl aber einige Ratschläge an den Patienten zur weiteren Lebensführung, zu denen der Patient nickt. Ob dieses Ergebnis auch nutzenstiftende Wirkungen im Sinne einer gesundheitlichen Verbesserung nach sich zieht, kann der Arzt nicht sichern, es liegt in der Verantwortung des Patienten.

Was sind in den Beispielen die *selbständigen, marktfähigen Leistungen*, von denen oben in der Definition die Rede ist? Als solche Dienstleistungen werden wir vor allem die Endleistungen des Anbieters betrachten, die der Nachfrager *als Angebote unterscheiden, bestellen und letztlich auch bezahlen* wird. Das ist z.B. die Inspektion oder die Vorsorgeuntersuchung. Dazu gehören selbstverständlich Vorleistungen, die eine Reparaturwerkstatt oder eine Arztpraxis regelmäßig erbringen müssen, und Einzelleistungen, die zur Erfüllung einer komplexen Dienstleistung nötig sind. Solange der Kunde diese aber nicht als selbständige Leistungen erkennen und in Auftrag geben kann, werden wir sie nicht als Dienstleistungen markieren. Wenn der Kunde aber seinen Auftrag differenzieren kann: „Diesmal bitte keine vollständige Inspektion, nur Ölwechsel bitte!“ dann handelt es sich um zwei unterscheidbare Dienstleistungen.

1.2 Dienstleistung Weiterbildung

Weiterbildung dürfte als immaterielles Gut in der Regel schwieriger zu vermarkten sein als ein sichtbares Produkt oder eine „handfeste“ objektbezogene Dienstleistung wie die Autoreparatur.

Um die Besonderheiten der Bildungsdienstleistungen noch genauer zu fassen, werden wir sie einerseits von anderen anspruchsvollen Dienstleistungen unterscheiden (1.2.1) und andererseits fragen, welche grundlegenden Kompetenzen und Handlungsformen zu ihrem Gelingen beitragen (1.2.2).

1.2.1 Weiterbildung: eine aufwändige Leistung

In der betriebswirtschaftlichen Literatur (vgl. vor allem Strambach 1999, Bieberstein 2006, Haller 2002) versucht man zunehmend, Dienstleistungstypen nach der Ausprägung bestimmter Leistungsdimensionen graduell zu unterscheiden. Zunächst werden hier die wichtigsten unterscheidbaren Dimensionen schematisch aufgelistet, danach werden sie in ihrer Bedeutung für die Weiterbildung beschrieben. (Die Pfeile im Schema erinnern daran, dass es nur um graduell unterscheidbare Ausprägungen, nicht um absolute geht.)

Differenzierung von Dienstleistungstypen nach Leistungsdimensionen				
1	Leistung durch/an	Objekt	⟷	Person
2	beurteilbar	vorher	⟷	später
3	Integration	schwache	⟷	starke Interaktion
4	Prozessgestaltung	standardisiert	⟷	individualisiert
5	Leistungsergebnis	materiell	⟷	immateriell
6	Wissensintensität	niedrig	⟷	hoch
7	Funktion der Dienstleistung	bewahrend	⟷	innovativ

Abbildung 1.3:
Differenzierung von Dienstleistungstypen nach Leistungsdimensionen

(1) Im ersten Punkt geht es darum, wie die Anbieter-Nachfrager-Beziehung strukturiert wird, ob die Leistung erbracht wird *durch* eine Person oder ein Objekt und *an* einer Person oder *an* einem Objekt. Weiterbildung stellt eindeutig eine personenbezogene Dienstleistung dar, die meist auch durch Personen („personendominant") erbracht wird, aber in Teilen auch mit Hilfe von Objekten arbeitet (Lehrmaterial, Medien z.B.).

(2) Wann und aufgrund welcher Eigenschaften können Dienstleistungen vom Nachfrager beurteilt werden? Im Marketing unterscheidet man dazu Such-, Erfahrungs- und Vertrauenseigenschaften. Sucheigenschaften sind solche, die der Nachfrager vor dem Kauf beurteilen kann (Größe, Farbe); Erfahrungseigenschaften können erst nach einem Kauf oder während des Vermittlungsprozesses bewertet werden (Fähigkeiten des Kursleiters); Vertrauenseigenschaften sind erst später oder kaum zu beurteilen (Sachangemessenheit des Vermittelten, Grad des persönlichen Zuwachses). Weiterbildung ist zum größten Teil Erfahrungsgut, oft auch ein vertrauensabhängiges Gut. Unmittelbar überzeugende Sucheigenschaften sind aufgrund der Immaterialität selten gegeben. Deshalb sollten Anbieter dafür sorgen, dass indirekte „search qualities" oder „Ersatzqualitäten" den Nutzern gleichsam stellvertretend Hinweise auf die mögliche Qualität der späteren Leistung geben: z.B. ansprechende Räumlichkeiten, freundliches Personal im Service, Zertifizierungsnachweise usw.

In Punkt (3) und (4) geht es um Gestaltungsaspekte des Leistungsprozesses: In welchem Maße wird der Nachfrager in den Prozess *integriert*, wie stark muss also mit ihm *interagiert* werden? Wird die Leistung eher standardisiert angeboten oder *individuell* auf den Nutzer zugeschnitten?

Weiterbildung verlangt in der Regel eine hochgradige *Integration* des Interessenten in den Prozess und eine entsprechend *dichte Interaktion*. Man spricht auch von einer „Koproduktion" der Leistung. Bei netzgestützten Leistungen erfolgt die Interaktion oft zeitversetzt. Gute Lernprogramme (CBT) enthalten, obwohl als Produkte gehandelt, eine hohe potenzielle „Interaktivität" (z.B. variable Hilfestellungen oder Aufgaben mit Lösungsangeboten), mit deren Hilfe der Abnehmer die in ihnen „eingefrorene" Dienstleistung wieder verflüssigen und sich zunutze machen kann.

Die gängige Weiterbildungsdienstleistung ist *kaum völlig zu standardisieren noch völlig zu individualisieren*. Das erste ist ein Nachteil für den Anbieter, für den Wiederholbarkeit und einfache Qualitätsstandards Kosten- und Aufwandsersparnis darstellen, das zweite ein Nachteil für den Nachfrager mit seinen individuellen Bedürfnissen. Standardisierung setzte voraus, dass man Bedürfnisse und Verläufe innerhalb von Lernprozessen genauer voraussagen könnte; völlige Individualisierung setzte im Grunde eine spezielle Dienstleistung für jeden Nutzer voraus. Selbst per E-Learning ist ein solches Ziel schwer zu erreichen. Zwar erhöhen Off-Line- und On-Line-Angebote bestimmte Möglichkeiten der Individualisierung (Erreichbarkeit spezifischer Themen, individuelle Wahl der Zeit, des Ortes, einzelner Module u.a.). Didaktische Individualisierung bedeutet aber mehr als die der Zugriffsmöglichkeiten: z.B. das Eingehen des Lehrangebots auf individuelles Vorwissen, individuelle Verarbeitungsmöglichkeiten und Zielsetzungen. Dabei stoßen auch die Medien an Grenzen der Machbarkeit – und der Kosten. Beide Nachteile (geringe Standardisierbarkeit, kaum vollständige Individualisierung) verlangen als Ausgleich eine relativ hohe *Flexibilität* im Angebot (z.B. durch multifunktionale Module) und bei der Gestaltung des Leistungsprozesses (teilnehmerorientierte Nachsteuerung, Realisierungsalternativen, innere Differenzierung).

(5) Eine weitere Unterscheidung fragt danach, ob und wieweit auch das Leistungs*ergebnis immaterieller* Art ist oder ob es materielle Anteile enthält. Das Ergebnis der Bildungsdienstleistung ist in der Regel ein immaterielles. Erwartet wird ein Informations- oder Kompetenzzuwachs. Wird ein Zeugnis ausgestellt, so kann dies einen wertvollen materiellen Nachweis der eigentlich immateriellen Lernleistung darstellen.

(6) Dienstleistungen können weniger oder mehr Wissen zu ihrer Vorbereitung und Durchführung benötigen. Vor allem die Ingenieurberufe reklamieren den Begriff der wissensbasierten Dienstleistung für ihre Aufgabe. Damit ist das Angewiesensein auf ein spezielles Expertentum, auch eine wissenschaftlich unterfütterte Expertise gemeint. Von wissensintensiver Dienstleistung wird neuerdings gesprochen (Strambach 1999, Netzer 2000), wenn nicht nur bei der Erstellung, sondern auch bei der Nutzung der Leistung bzw. beim Nutzer Wissenskompetenzen nötig sind. Weiterbildung ist in jedem Fall eine *hochgradig wissensbasierte, tendenziell auch eine wissensintensive Dienstleistung*, indem sie Vorwissen voraussetzt und Endwissen erhöhen will.

(7) Unmittelbar mit dem vorigen Punkt verbunden ist der letzte zu erwähnende. Er stammt aus der Soziologie, die stärker als die Betriebswissenschaft nach der gesellschaftlichen Funktion von Dienstleistungen fragt. Früher haben Soziologen Dienstleistungen eher formbewahrende, absichernde gesellschaftliche Funktionen zugeschrieben, z.B. solche der Versorgung und Erholung (so noch Bauer 2001 zur Sozialarbeit). Dem haben Häußermann/Siebel (1995) die Überlegung hinzugefügt, dass insbesondere forschungs- und bildungsorientierte, wissensbasierte und wissenserzeugende Dienstleistungen *innovative gesellschaftliche Funktionen* hätten. Wahrscheinlich erfüllen Bildungsdienstleistungen je nach Ausprägung sowohl bewahrende Funktionen (z.B. Handlungspotenziale sichern) als auch innovative Funktionen (Leistungsfähigkeit erweitern, Lernfähigkeit optimieren).

Blicken wir auf die Tabelle der Leistungsdimensionen zurück. Allgemein kann man sagen: Je mehr eine Dienstleistung tendenziell der rechten Seite der Merkmalsausprägungen zuzurechnen ist, umso aufwändiger (meist auch kostenintensiver) erscheint sie.

Weiterbildung erweist sich als eine Dienstleistung, die im Vergleich mit anderen Dienstleistungsarten auf der Skala der Leistungsdimensionen als relativ aufwändig und anspruchsvoll erscheint.

Die von Bildungsanbietern erwartete Leistung ist nämlich in der Regel: eine personenbezogene Leistung mit starker Integration und möglichst individueller, jedenfalls flexibler Behandlung des Nutzers und seiner Erwartungen, insgesamt eine wissensintensive, tendenziell innovative Leistung mit einem immateriellen Endergebnis.

Diese tendenziellen Charakteristika der Bildungsdienstleistung stellen zugleich relativ hohe Ansprüche an die Leistungsfähigkeit von Dienstleistern und Nutzern! Der Anbieter muss beispielsweise *vertrauensbildende* Maßnahmen und – statt der weithin fehlenden Suchqualitäten – sichtbare „Ersatzqualitäten" (s.o.) für den Nutzer schaffen um die *Immateralität* der Leistung und des Endergebnisses bzw. des damit verbundenen Erfolgsrisikos zu konterkarieren. Umgekehrt muss der Nutzer wie kaum bei einer anderen Dienstleistung sich selbst und seine Leistungsfähigkeit zur Verfügung stellen und zum Gelingen beitragen.

1.2.2 Lehren und Lernen: zur Eigenleistung der Teilnehmenden

Diese spezifische Leistung des Teilnehmers muss ebenso wie die Kernleistung des Dienstleisters noch fachlich genauer bezeichnet werden. Dazu muss auf die pädagogischen bzw. erziehungswissenschaftlichen Begriffe des *Lehrens und Lernens* zurückgegriffen werden.

Jede Dienstleistung kommt, wirtschaftlich gesehen, natürlich dadurch zustande, dass es Bedarf und Nachfrage dafür gibt. Damit die Dienstleistung auch gelingt im Sinne der Nutzererwartungen, müssen nicht nur die Leistungen des Anbieters angemessen sein, sondern auch der Nutzer muss bestimmte Voraussetzungen erfüllen und u.U. Eigenleistungen einbringen. Die Musiker können im

Konzert noch so professionell fiedeln, gibt es auf der anderen Seite nicht ein wenig Musikalität und die Mitarbeit des Zuhörens, kann die Gesamtleistung „Konzert" nicht wirklich realisiert werden: Konzertbesucher werden Geräuschbelästigung empfinden oder ständig einnicken. Eine komplexe Dienstleistung ist also eine Koproduktion.

Bildungsdienstleistungen müssen von der Bildsamkeit ihrer Interessenten ausgehen. Der Komplementarität von Musizieren und Hören im Konzert, entspricht die von Lehren und Lernen, z.B. in einem Seminar. In der folgenden *Abbildung* wird dieser „Prozess der Bildungsdienstleistung" schematisch dargestellt.

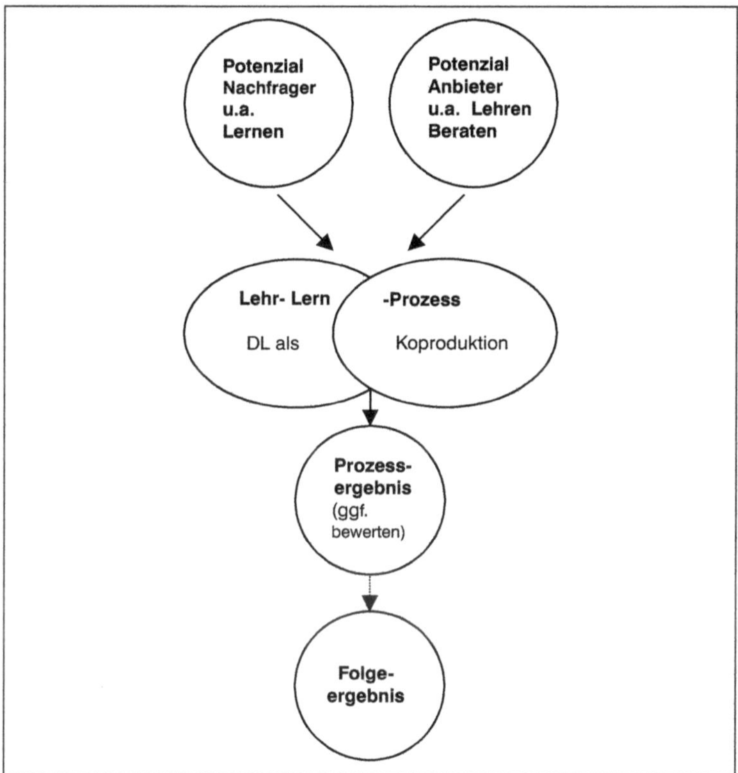

Abbildung 1.4.
Prozess der Bildungsdienstleistung

In dieser Skizze wird die Koproduktion von Anbieter und Nachfrager betont. Auf beiden Seiten müssen komplementäre Potenziale vorhanden sein und bereit gestellt werden. Diese müssen eingesetzt werden in einer vereinbarten Organisationsform (z.B. Präsenzseminar) und in einem gemeinsamen Prozess. Es sind die Handlungsformen von Lehren und Lernen, die sich darin aufeinander beziehen und durch Interaktion koordiniert werden müssen. Der Dienstleistungsprozess sollte mit dem Erreichen des erwünschten Lernergebnisses enden, das durch subjektive Bewertung oder durch Fremdbeurteilung festgestellt wird. Meist ist dies auch noch ein kooperativer Prozess. Allein für den Nutzer zeitigt die Dienstleistung oft danach erst die eigentlich wichtigen Folgeergebnisse, z.B. das erfolgreiche Anwenden des Gelernten in der Praxis.

Die Bildungsdienstleistung zielt auf die Unterstützung des Lernens. Dazu verwendet sie unterschiedliche Formen des Lehrens, die als Lernhilfen im weiten Sinne fungieren.

Definition:

Lernen ist eine besondere Form des Handelns, mit dessen Hilfe eigene Handlungs- und Reflexionspotenziale erhöht werden sollen. **Lehren** ist eine besondere Form des (oft professionellen) Handelns, mit dem Ziel, Lernen zu unterstützen, etwa durch Verdeutlichen möglicher Lernwege und Lernmethoden, durch Bereitstellen von Informationsmaterial und Medien usw.

Lehren und Lernen stellen unterschiedliche Handlungsmodalitäten dar, die einander auch verfehlen können. Beim Training der Ballannahme kann es zwar so aussehen, als sei steigende Geschicklichkeit unmittelbare Folge von gutem Coaching. Es sind dabei aber auch innere, nicht sichtbare Verarbeitungsleistungen am Werk. Das gilt erst recht für abstraktere Lernaufgaben (Begriffe konstruieren, Zusammenhänge erkennen, Probleme lösen), bei denen Lehrenden leicht Zweifel an ihren Fähigkeiten oder Einflussmöglichkeiten kommen können. D.h., die in der Skizze angedeutete Koproduktion des Lehrens und Lernens verlangt nicht nur, dass man gut zusammenarbeitet. Entscheidend ist vielmehr, dass sichtbare und hörbare Zusammenarbeit (Interaktion und Kommunikation) zu nachhaltiger interner Verarbeitung und Aneignung beim Lernenden beiträgt.

Eine grundlegende Frage für Bildungsanbieter und Lehrende ist also die, wie man sich die wechselseitige Beziehung der beiden Handlungsformen Lehren und Lernen vorstellt. Wodurch könnte es zu einer Einwirkung des Lehrens auf das Lernen kommen? Die *Verhaltenspsychologie* würde sagen: durch geeignete Verstärkung und Lenkung der lernenden Person bzw. ihres Verhaltens. Die Theorie des *Lernens am Modell* würde dagegen halten: dadurch dass sich Lernende mit einer Lehrperson oder einem Vorbild identifizieren und es als Modell gelingenden Handelns und Lernens nutzen. *Kognitionspsychologische* Denkansätze betonen noch stärker das Lernen durch eigene Einsicht: der Lernende könne nur auf seine Weise, auf der Grundlage seines Vorwissens, seiner Fragen und seiner Auffassungsmöglichkeiten lernen, und daran müsse das Lehren anknüpfen.

Diese letzte Einsicht ist neuerdings von einigen Psychologen und Erziehungswissenschaftlern auf die Spitze getrieben worden mit der Annahme, Lehren könne Lernen überhaupt nicht zielgerichtet unterstützen (vgl. Arnold/Siebert 1995, Gerstenmaier/Mandl 1999, Holzkamp 1995). Denn nach systemtheoretischer oder konstruktivistischer Lesart konstruiert jeder Mensch seine eigene Welt und damit auch sein Wissen, seine Orientierungen und Überzeugungen höchst subjektiv, allein auf der Basis eigener Erfahrungen und Erkenntnisstrukturen. Eine Einflussnahme auf Denken und Lernen des anderen scheint danach nicht möglich, auch nicht unter Lehrenden und Lernenden.

Nun glaubt zwar schon lange kein Pädagoge mehr, er könne sein Wissen einfach auf den Lernwilligen übertragen oder es ihm – mit Hilfe eines „Nürnberger Trichters" – einflößen. Erfolgreiches Lehren ist aber nach konstruktivistischer Vorstellung noch unwahrscheinlicher, als gute Pädagogen dies schon immer befürchtet haben. Ich halte das für eine radikale Hypothese, die dazu anregen kann, immer wieder nach (neuen) Wegen zu suchen, mit deren Hilfe sich eigenständige Denk- und Lernhandlungen der Teilnehmer unterstützen lassen. Auf die Spitze getrieben unterschätzt diese These aber das Aktivitäts- und Verständigungspotenzial beider Seiten. Lernfähige Erwachsene wollen schließlich von sich aus das Lehrangebot optimal nutzen und entwickeln dabei die *Fähigkeit, sich unterrichten zu lassen*, ihre Eigenleistung und das Lehrangebot zueinander in Beziehung zu setzen.

Sollte man Lehr-Lern-Prozessen im Übrigen nicht in etwa soviel zutrauen wie der menschlichen Verständigung? Das Verhältnis von Lehren und Lernen lässt sich mit dem Verhältnis von Sprechen und Verstehen vergleichen (auch wenn Lernen auf längerfristige Aneignung zielt). Verstehen ist eine eigenständige Aktivität. So wie der Sprechende nie sicher sein kann, was der andere versteht – wie übereinstimmend mit der eigenen Absicht oder wie tief nachempfindend –, so kann sich auch der Lehrende letztlich nicht sicher sein, welche Anstöße von den Lernenden wie übernommen werden. Das Lehr-Lern-Verhältnis ist eben genauso prekär wie die menschliche Verständigung überhaupt, aber ebenso sinnvoll – und notwendig flexibel (Schlutz 1984).

An der konstruktivistischen Position ist aber sicher richtig: Letztlich stellt das Lernen, auch bei bester Lehrleistung, weitgehend eine *Eigenleistung* dar. Lehren kann weder Lernen ersetzen noch dieses direkt zum Ziel führen, sondern muss mit dem Eigensinn der Lernenden umgehen – und darauf vertrauen!

Dazu noch ein weiter gehender Gedanke: Reformpädagogen neigten zu allen Zeiten dazu, dem Lernen alles zuzutrauen, das Lehren aber als zweitrangige künstliche Schulform abzuwerten. Nun ist Lernen – anthropologisch und entwicklungspsychologisch gesehen – sicherlich die ursprünglichere Tätigkeit und Fähigkeit. Aber das Lehren (als Lernunterstützung) tritt nicht viel später auf den Plan.

> Ein gedachtes **Beispiel**: Man kann sich den Fischer in grauer Vorzeit vorstellen, der das Knüpfen seines Netzes dramaturgisch verzögert, als er bemerkt, dass sein kleiner Sohn neugierig zusieht, offensichtlich etwas „abgucken" will. Und wenig später wird dieser mit einigen Seil- oder Binsenresten versuchen, die Griffe, die er von außen beobachtet hat, in innen gesteuerte eigene Handhabungen zu übersetzen: „Nein, so nicht, ja, diese Hand muss unter die andere greifen ..."

Beide Verhaltensweisen, die Rücksicht des Vaters und das Selbstgespräch des Sohnes, zeigen natürliche Ansätze des Lehrens – des Lehrens für andere und für sich selbst. D.h., Lehren ist auch an anspruchsvolleren Selbstlernprozessen beteiligt, nämlich als Metakognition, als Fähigkeit, sich selbst Lernanforderungen bewusst zu machen und geeignete Verfahren zu ihrer Bewältigung einzusetzen.

Lernfähigkeit besteht sicher zu einem großen Maße in der Fähigkeit, sich selbst etwas lehren zu können (Autodidaktik).

Interessenten, die ein bestimmtes Weiterbildungsangebot nachfragen, delegieren also die potentiellen Lehranteile, die sie beim autodidaktischen Lernen selbst aufwenden müssten, zeitweilig an den Bildungsanbieter. Damit ermöglichen und legitimieren sie den hilfreichen Einsatz von Bildungsdienstleistungen. Nicht delegieren können sie allerdings das Lernen selbst!

Definition:

Weiterbildungs-Dienstleistungen sind marktfähige personenbezogene und wissensintensive Leistungen, mit deren Hilfe das Lernen Erwachsener und der damit angestrebte Kompetenzzuwachs systematisch sowie ergebnis- und nutzenorientiert durch Lehren i.w.S. unterstützt werden.

Die Standard-Dienstleistung stellt in der heutigen Weiterbildung in der Regel immer noch eine Form der *Lehr-Lern-Organisation* dar, etwa ein Seminarangebot, die eine Eingangsberatung und eine Schlusskontrolle einschließt, welche aber selten unabhängig davon als Anbieterleistungen gewählt werden können. Auf den möglichen Wandel der Dienstleistungsformen in der Weiterbildung werden wir im letzten Kapitel (4) näher eingehen.

Der Erfolg des Dienstleistungsprozesses ist in hohem Maße davon abhängig, wieweit die Koordination von Eigenleistung (Lernen) und Fremdleistung (Lehren) gelingt. Dies hängt auch von den Lernvoraussetzungen und der Lernfähigkeit des Nutzers ab. Einseitige Erfolgsgarantien kann der Anbieter daher nicht geben.

1.3 Make Or Buy? Zum Nutzen von Bildungsdienstleistungen

Zuletzt haben wir gefragt, was Bildungsdienstleistungen leisten sollen und wodurch diese grundsätzlich *ermöglicht* werden. Eine andere Frage ist die, ob, warum oder wann solche Dienstleistungen überhaupt *nötig* sind. Nur wenn dies positiv entschieden werden kann, kommen entsprechende öffentliche oder wirtschaftliche Leistungen überhaupt zustande.

Make or buy? Selbermachen oder Support einkaufen? Diese Frage stellt sich prinzipiell bei sehr vielen Dienstleistungen, insbesondere bei den haushaltsnahen Diensten (Kochen, Gartenarbeit, kleinere Reparaturen). Denn sobald auf Seiten des Nutzers entsprechende Fähigkeiten, Hilfsmittel und Zeit zur Verfügung stehen, wird das Aufwand-Nutzen-Verhältnis von Eigenarbeit und möglicher Dienstleistung sicherlich besonders kritisch geprüft. Im Hinblick auf die Bildungsdienstleistung zeigt sich in dieser Hinsicht eine grundsätzlich „kritische“ Ausgangslage: Menschen lernen ohnehin ständig selbst, meist *informell* im Lebensvollzug, z.B. den Geschmack einer Speise schätzen, aber auch deutlich beabsichtigt und *formell und selbst organisiert,* z.B. mit einem Fachbuch. Hinzukommt, dass die *formelle und fremd organisierte* Dienstleistung, wie wir oben gelesen haben, uns die Mühe des eigenen

Lernens gar nicht abnehmen kann. Im Gegenteil, ihre Nutzung erfordert weiteren materiellen und ideellen Aufwand und ist – aufgrund ihrer Immaterialität – mit einem nicht unerheblichen Kaufrisiko verbunden. Warum also sollten wir – als Bildungsinteressierte – überhaupt Bildungsdienstleistungen wahrnehmen?

1.3.1 Autodidaktisches Lernen und Bildungsdienstleistung: Vor- und Nachteile

Diese Frage ist im Grunde nicht genauer erforscht: So wissen wir etwa, dass Menschen mit höherer Schulbildung und höherer beruflicher Position im Durchschnitt bildungsaktiver sind als andere, und zwar sowohl im Hinblick auf Veranstaltungsbesuche als auch im Hinblick auf das Selberlernen (BMBF 2003). Aber wann und warum sie das eine oder das andere bevorzugen, wissen wir nicht.

Wir könnten uns aber im Sinne eines Gedankenexperiments vorzustellen versuchen, welcher Abwägungsprozess in der Regel zu durchlaufen ist und wie es zu einer positiven Kaufentscheidung kommen mag (vgl. Haller 2002, S. 23ff.). Dazu müssen allerdings beide Möglichkeiten vorstellbar und realisierbar erscheinen.

Im Text ist schon mehrmals auf mögliche Risiken des Dienstleistungserwerbs hingewiesen worden: Ungewissheit im Hinblick auf Bedarfsangemessenheit, Qualität und individuellen Zuschnitt des Angebots, relativ hoher Aufwand an Kosten, festgelegten Zeiten und Räumen bei dennoch hoher Eigenleistung (Lernen). Beim autodidaktischen Lernen erscheint ein Teil dieser Risiken, vor allem das Kostenrisiko geringer oder abgemildert, insbesondere, wenn man es gewohnt ist, geeignete Hilfsmittel findet oder durch Ausprobieren im Arbeits- und Lebensvollzug beiläufig lernen kann.

Dagegen muss man aber auch die durchschnittlichen Schwierigkeiten des autodidaktischen Lernens sehen, die durchaus nicht nur „lernungewohnte" Menschen betreffen: Was zu lernen ist, der *Lerngegenstand* also, ist in der Lebens- und Berufswirklichkeit durchaus nicht immer klar oder in einem bekannten Fachbuch zu finden, sondern muss oft aus einem Problemknäuel herauspräpariert und in seinem Umfang, in der nötigen Detaillierung und in seiner Anforderungshöhe bestimmt werden. Dann müssen *Aneignungsstrategien* (z.B. sach- und bedürfnisangemessene Zielsetzung, Lern-Progression, Erschließungs- und Übungsmethoden usw.) gefunden und in eine *Lerndramaturgie* umgesetzt werden. Meist wird auch ein Mangel an *Rückfrage- und Kommunikationsmöglichkeiten* empfunden. Schließlich liegt es immer wieder nahe, solchen Anforderungen auszuweichen, nicht nur, weil *Arbeitstugenden*, wie Selbstmotivation, Einhalten von Lernzeiten, konsequentes Üben, dabei gefragt sind. Vielmehr muss man auch über geeignete *Ergebniskontrollen* verfügen, um die Lernmotivation aufrecht zu erhalten und die Zielerreichung festzustellen. Sicher sollten alle Menschen mehr oder weniger über solche *autodidaktischen Lernfähigkeiten* verfügen. Aber stehen solche Kompetenzen umstandslos für jede neue Lernaufgabe bereit und will man sich solchen *zusätzlichen Mühen* in jedem Fall unterziehen?

Die Nutzung einer Bildungsdienstleistung bringt demgegenüber vor allem zwei ergänzende Funktionen und Vorteile:

(1) den Vorteil einer ***Entlastung*** (u. a. durch Bedarfsklärung; durch „Entmischung" von Problemlage, Lerngegenstand und Lernhandeln; durch eine Auswahl an relevanten Informationen und Inhalten; durch Vorschläge für Methoden und Übungen),

(2) den Vorteil einer – bewusst gesuchten – ***Zumutung*** (durch regelmäßige Terminsetzung, Präsentation der Lernanforderungen und des „Widerstands" der Sache, Lern- und Ergebniskontrollen usw.).

Diese Zumutung enthält indirekt natürlich auch wieder eine Entlastung, insofern man Kontrollfunktionen nicht selbst ausüben muss, sondern sie zum Teil delegieren kann an den Bildungsdienstleister. Zusätzlich kann die Bildungsdienstleistung auch

(3) den Vorteil einer ***Anreicherung*** gegenüber dem ausschließlich selbst organisierten Lernen mit sich bringen.

So kann etwa die Person des Lehrenden die Identifikation mit dem Stoff oder der Aufgabe erleichtern, die anderen Lernenden werden als Mitspieler oder Leidensgenossen benötigt, die Prozessdramaturgie macht das mögliche Vorgehen durchschaubarer und unterhaltsamer, ausgewählte Medien bringen Veranschaulichung usw. Wird ein Nachweis oder gar Zertifikat gewünscht, so ist bislang der Kursbesuch oft Voraussetzung dafür.

Diese abstrakte Abwägung von Aufwand und Ertrag kann natürlich nur eine durchschnittliche Brauchbarkeit von Bildungsdienstleistungen herausstellen. Zum einen wird eine solche Wahl nie nur rational getroffen. Zum anderen können *konkrete Lernbedingungen* auch zu abweichenden Entscheidungskriterien führen. Solche Bedingungen können beispielsweise sein:

- die Lebenssituation (z.B. viel oder wenig frei disponible Zeit),
- die Person, auch der Lerntyp (viel Lernerfahrungen; Mediennutzer usw.),
- der Lerngegenstand (durch einfache Beobachtung oder Verhaltensanpassung zu lernen; viel Struktur und Systematik oder Trainingspartner erforderlich).
- der Prozess- oder Ergebnis-Nutzen.

Zum Letzten noch eine Erläuterung: Weiterbildungsteilnehmer können ebenso vom Lernprozess profitieren wie vom Lernergebnis. Sind Ort und Form des Lernprozesses wesentliche Nutzenstifter (Tanzkurs, Verhaltenstraining, Studienfahrt, Gesprächskreis, Kreativwochenende), erscheint der Besuch entsprechender Veranstaltungen naheliegend. Zugleich zeigt sich hier ein mögliches weiteres Teilnahmemotiv: das kulturelle oder soziale Erlebnis. Zählt allein der Ergebnisnutzen, so scheint der Weg dorthin eher austauschbar.

Ähnliche Überlegungen wie individuelle Nutzer stellen natürlich auch Betriebe, also *institutionelle Nutzer,* an. Sie fragen sich ebenfalls, ob sie ein vermutetes Bildungsproblem durch Eigenanstrengung lösen oder entsprechende Qualifikationen „einkaufen“ können, sei es durch Bildungsmaßnahmen oder durch Neueinstellungen.

In jedem Fall ist es Aufgabe von Bildungsanbietern, den besonderen Nutzen ihrer Leistungen gegenüber dem Selbertun zu reflektieren und herauszustellen. Qualität des Weiterbildungsangebots bedeutet für den Bildungsinteressenten nämlich nicht nur, dass eine durchschnittliche Verlässlichkeit der Leistungen organisiert wird, wie das einige Zertifizierungssysteme betonen, oder dass die Kundenzufriedenheit zum Ausdruck gebracht werden darf. Sondern es muss eine *Dienstleistungsqualität* erkennbar werden, die die zusätzliche Unterstützung des Lernens durch Bildungsangebote als lohnenswert erscheinen lässt.

Allerdings hilft es wenig, den potenziellen Nutzern vorzumachen, man werde alle ihre vermeintlichen Konsumentenwünsche nach Leichtigkeit des Lernens, nach kurzfristigem schnellem Erfolg usw. befriedigen. Die Interessenten wissen, dass Bildung auch Arbeit bedeutet. Zur Informationspolitik von Bildungsanbietern gehört also eine klare Vermittlung dessen, was die Nutzer an Entlastung und Anreicherung erwarten dürfen und was von ihnen selbst an Leistung (z.B. zusätzliche Aufgaben, Beteiligung an bestimmten Übungsformen usw.) erwartet wird. Weiterbildung stellt also für beide Seiten wortwörtlich „Bildungs*arbeit*“ dar.

1.3.2 Zur Kostenfrage und zur Entwicklung der Dienstleistungsgesellschaft

Eine ganz wichtige Einschränkung der bisherigen Ergebnisse zum Thema „Make or Buy?“ stellt allerdings die *Kostenfrage* dar. Diese kann für den Einzelnen, für Organisationen, für Gesellschaft und Staat so belastend werden, dass es am Ende gar nicht mehr um die Frage geht, welche Maßnahme an sich mehr Vorteile und größeren Nutzen bietet, sondern welche kostengünstiger ist.

Die ökonomische Hoffnung auf die Entwicklung zur „Dienstleistungsgesellschaft“ war von der Überzeugung getragen, dass immer mehr Dienstleistungen sowohl aus der Industrie wie aus den Haushalten ausgegliedert und zu neuen Erwerbstätigkeiten entwickelt werden. Die Frage ist nun, ob dies zwangsläufig so geschehen muss. Ein Hindernis dafür ist vor allem die sogenannte „Kostenkrankheit“ (Baumol, nach Gershuny 1981), die der Ausbreitung von Dienstleistungsberufen unter staatlichen und marktwirtschaftlichen Vorzeichen entgegensteht. Dienstleistungen könnten danach für die breite Mehrheit unbezahlbar werden, etwa in dem Maße, in dem die Löhne in allen Sektoren ansteigen (vor allem, wenn zwar im Produktionssektor kräftig rationalisiert wird, im Dienstleistungssektor aber nicht gleichzeitig ein entsprechender Produktivitätszuwachs stattfindet).

Diese Entwicklung wird aber bei unterschiedlichen ordnungspolitischen und ökonomischen Rahmenbedingungen anders verlaufen können. Die Soziologen

Häußermann und Siebel (1995) haben etwa gezeigt, wie unterschiedlich Gesellschaften versuchen, dieser Kostenfalle zu entgehen:

- die USA etwa durch niedrige Einkommen im Dienstleistungssektor und Beschäftigung ethnischer Minderheiten, wodurch Dienstleistungen für den „Normalverdiener" erschwinglich werden;
- Schweden durch Herausnahme der Dienstleistungen aus dem Markt, also durch ihre öffentliche Finanzierung. Diese staatliche Lösung ist in vielen Gesellschaften nur eine Zwischenstufe gewesen, so vielleicht in Deutschland auch.

In Deutschland dagegen, so Häußermann und Siebel, sei der Dienstleistungssektor heute deshalb schwach, weil keiner der beiden skizzierten Wege – staatliche Alimentierung mit Hilfe hoher Steuern oder privatwirtschaftliche Erstellung bei Inkaufnahme von Ungleichheiten – entschieden eingeschlagen worden sei.

Was geschieht dann hier mit den Dienstleistungen? Nach den Arbeiten von Gershuny (1981) werden Dienstleistungen nicht nur durch die entsprechenden Gesellschafts- und Wirtschaftsmodelle verknappt oder erweitert werden, sondern ihre Natur selbst kann sich wandeln. So können heute schon entwickelte Dienstleistungen (Essen im Restaurant) durch Eigenarbeit (Selberkochen, Aufkochen), Leistungseinschränkungen (Selbstbedienungslokal) und Industrialisierung/Standardisierung (Fertigmahlzeiten) ersetzt werden, auch einkommensabhängig. Ähnlich wie bei Produkten könnte auch der „Lebenszyklus" von Dienstleistungen sich als begrenzt erweisen. Vor diesem Hintergrund erwarten Häußermann und Siebel (1995) in Deutschland weder eine Tendenz zur

- „Dienstbotengesellschaft" (USA), noch eine zur
- „Gesellschaft des öffentlichen Dienstes" (Schweden), sondern eine zur
- „Selbstbedienungsgesellschaft".

Im Hinblick auf die mögliche Entwicklung von Bildungsdienstleistungen hierzulande bedeutete das eine weitere Rückverlagerung des Lernens aus dem kostenträchtigen Dienstleistungssektor in den informellen Sektor, d.h. in die Heimarbeit, bzw. ihre Ergänzung durch erschwingliche Standardprodukte, wie Lehrbücher, computerunterstützte Programme, Internetservice mit geringem Personalaufwand. Also Rationalisierung durch Selbstbedienung statt Dienstleistung!

Auch Bildungsdienstleistungen – das sollte mit dem Letzten gesagt sein – können an Grenzen ihrer Möglichkeiten geraten, besonders infolge ihrer eingeschränkten Individualisierungsmöglichkeit und infolge der skizzierten „Kostenfalle". Dennoch muss die skizzierte Entwicklung nicht zwangsläufig und durchgängig stattfinden. Auch die mögliche „Industrialisierung" von *Bildungsangeboten* wird auf tatsächlich Standardisierbares beschränkt bleiben; umgekehrt werden neue Dienstleistungsformen bzw. Leistungskombinationen auch neue Vorteile für die Nutzer bringen (zu Bildungsinnovationen vgl. Kap. 4). Und schließlich sind Kosten bzw. Preise für die *Bildungsnachfrager* durchaus keine absoluten Größen, sondern relationale, die in ein Verhältnis gesetzt werden zur Dringlichkeit des Bildungsbedarfs und zur Wertschätzung des Bildungsgutes innerhalb konkurrierender Finanzierungswünsche.

Eigenarbeit (und damit die „Rückverlagerung" von möglichen Dienstleistungen in die häusliche Sphäre) kann zwar auch als Erhöhung von Lebensqualität erlebt werden: für Freunde kochen, Kinder erziehen, Sport- und Musikausübung, Wissenserwerb usw. Vieles davon ist aber ist auch nur lästig: Müll separieren, eine bestimmte Schraube im Baumarkt suchen, Formulare ausfüllen, Fensterputzen, nach schadstoffarmen Lebensmitteln fahnden, eigene Lerntermine setzen und einhalten usw. Eigenarbeit und Selbstorganisation werden deshalb – angesichts der zunehmenden und komplexer werdenden Aufgaben der Lebensführung – auch an Grenzen ihrer Möglichkeiten stoßen. Insofern werden Hilfsmittel und Organisationshilfen, Expertenrat und Dienstleistungen ebenfalls immer nötiger.

Was heißt das für die künftige Bedeutung von Bildungsdienstleistungen?

Einerseits ist damit zu rechnen, dass Bildungsinteressierte (Individuen und Organisationen) noch genauer prüfen werden, ob sie bestimmte Lernanforderungen nicht selbst organisiert bzw. im Lebens- und Arbeitsvollzug bewältigen können. Andererseits wird die eigene Gesamtbelastung sie ebenso zu der Überlegung bringen, ob professionelle Unterstützung und Organisationshilfe bei bestimmten Lernanforderungen nicht vorteilhaft und ihr Geld wert sind – und Kosten besser an anderer Stelle einzusparen sind. Letztendlich wird die Entwicklung solcher Dienstleistungen also hochgradig davon abhängen, welcher Stellenwert dem Gut Bildung im geistigen und finanziellen Haushalt von Einzelnen, Betrieben und öffentlicher Hand in Zukunft eingeräumt werden wird.

1.4 Kundenbeziehungen – Wer ist der Adressat der Weiterbildungs-Dienstleistung?

Mit den Überlegungen des letzten Kapitels ist nicht nur ein mögliches Erschwernis für Vertrieb und Erwerb von Bildungsdienstleistungen thematisiert worden, sondern auch noch ein anderer wichtiger Aspekt: die *Beziehung zwischen Anbieter und Nutzer*. Es geht dabei nicht nur um ein wirtschaftliches, sondern auch um ein pädagogisches und psychologisches Problem, ja eines der *Dienstleistungsethik*.

Diese Beziehung ist im Falle der Bildungsdienstleistung schon dadurch eine besondere, dass der Lernende intensiv an der Leistung beteiligt ist und unter Umständen auch Persönliches „offenbart" und bewerten lässt. Ähnlich wie bei der medizinisch-therapeutischen Betreuung spielt Vertrauen eine große Rolle. Hier ist nicht der Raum, dieses komplexe Problem vollständig abzuhandeln. Ich möchte es deshalb auf eine Grundfrage und Besonderheit der Bildungsdienstleistung zuspitzen: Wer ist eigentlich der Adressat dieser Dienstleistung?

Der Kunde, wird man heute in der Regel zur Antwort erhalten. Selbst in öffentlichen Bildungseinrichtungen wird immer mehr das Prinzip der „Teilnehmerorientierung" durch das Schlagwort der „Kundenorientierung" ersetzt. Ich will nicht verhehlen, dass ich das für nicht besonders hilfreich halte. Zum einen, weil es sich oft um einen bloßen Etikettenaustausch handelt, der nicht wirklich eine „Modernisierung" des Dienstleistungsverhältnisses enthält, welche er aber vortäuscht. Zum anderen, weil er allzu oberflächlich alle denkbaren Dienstleistungsverhältnisse auf die allgemeinste wirtschaftliche Beziehung hin vereinheitlicht. Andere Institutionen sprechen dagegen von Zuschauern, Besuchern, Nutzern, was die Wirtschaftsbeziehungen nicht verschweigt, die Adressaten aber konkreter nach ihrem Erwartungs- oder Verhaltenstyp klassifiziert. Dienstleistungen, die traditionell eine besondere Vertrauensbeziehung zu ihren „Kunden" aufweisen, haben an Begriffen wie Patient oder Klient festgehalten, was als Ausweis ihrer hohen Spezifizität und Professionalität gelten darf. Ich gebe zu, dass die Benennung auch eine Geschmacksfrage ist, und komme deshalb zur Sachfrage zurück, die keinesfalls beantwortet ist, sondern nun heißen müsste: Wer ist denn eigentlich der Kunde der Bildungsdienstleistung?

Denn auf der Kunden- oder Nachfrageseite der Bildungsdienstleistungen lassen sich oft unterschiedliche Rollen oder Akteure ausmachen, etwa:

- Nachfrager
- Auftraggeber
- Finanzier
- Teilnehmer oder Lernende,
- als einzelne oder als Gruppe
- Nutzer oder Abnehmer der Leistung

Es gibt eine „klassische" Anbieter-Nachfrager-Konstellation (A), bei der alle diese Rollen in einer Person vereinigt sind:

Konstellation A

Abbildung 1.5:
Anbieter-Nachfrager-Konstellation A

Der künftige Teilnehmer fragt im eigenen Auftrag nach, bezahlt, stellt dann seine lernende Mitarbeit zur Verfügung und zieht persönlichen Nutzen aus dem Lernergebnis. Hier könnte man den Teilnehmer auch als Kunden bezeichnen, obwohl das nur eine seiner vielen Rollen ist, die er für den Anbieter spielt. Zudem tritt er in der klassischen Lehr-Lern-Organisation, dem Präsenzlernen in Gruppen, nicht als einzelner auf; man hat es mit mehreren Kunden zu tun, die durchaus kein uniformes Kollektiv darstellen, sondern letztlich als einzelne befriedigt werden wollen (z.B. indem die Maßnahme sich an die Vereinbarungen hält bzw. flexibel gesteuert wird).

Schon in früheren Zeiten war dieses Verhältnis aber oft komplizierter, als es den Anschein hatte (vgl. Konstellation B). So gab es häufig einen zweiten Nachfrager, Auftraggeber oder Finanzier, der weniger in Erscheinung trat, z.B. die Kommune oder das Land, die Kirche oder eine andere Großorganisation, das Arbeitsamt (als Unterhaltszahler). Sofern die Maßnahme dadurch in ihren Inhalten oder in ihrer konkreten Gruppenzusammensetzung nicht definitiv bestimmt wurde, blieben die Spielräume für alle Beteiligten weit, der globale Auftrag(geber) fast unsichtbar.

Konstellation B

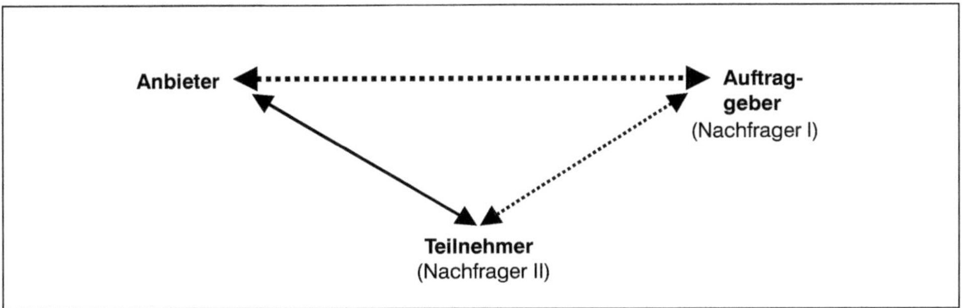

Abbildung 1.6:
Anbieter-Nachfrager-Konstellation B

> **Beispiel:**
>
> Eine Volkshochschule hat den Auftrag von der Gemeinde, eine Grundversorgung an Weiterbildung für die erwachsene Bevölkerung einer Kommune zu erbringen und bekommt dafür Zuschüsse. Eine Internatseinrichtung wird vom Land dafür finanziert, politische Bildung zu verbreiten. Eine kirchliche Einrichtung hat von ihrem Träger den Auftrag, insbesondere Familienbildung zu betreiben. Genaugenommen hat man es in dieser Konstellation meist mit zwei Auftraggebern, Finanziers, „Kunden" zu tun: Institutioneller Auftraggeber und individueller Teilnehmer beteiligen sich beide an der Finanzierung. Der „Großkunde" gibt einen allgemeinen Auftrag, der Teilnehmer spezifiziert ihn.

Da der Auftrag des institutionellen Nachfragers meist recht allgemein gehalten ist, wird der Handlungsspielraum von Anbietern und Teilnehmern dadurch kaum tangiert, was die gepunkteten Linien andeuten.

Dies sieht anders aus, wenn der institutionelle Auftraggeber einen ganz bestimmten nachprüfbaren Nutzen von der Maßnahme erwartet oder Auftraggeber und Teilnehmer sogar Mitglieder der gleichen Organisation sind, die durch das Bildungsangebot optimiert werden soll (vgl. Konstellation C). Eine Weiterbildungseinrichtung bietet etwa einem Betrieb die Schulung einer Mitarbeitergruppe in einem EDV-Anwendungsbereich oder in einer Fremdsprache an. Der Betrieb ist Auftraggeber, Finanzier und Abnehmer bzw. Hauptnutzer der Leistung, die Teilnehmer sind Mitarbeiter des Betriebes (Noch enger sind die Beziehungen, wenn auch der Bildungsanbieter Teil des Betriebes oder der Organisation ist).

Konstellation C

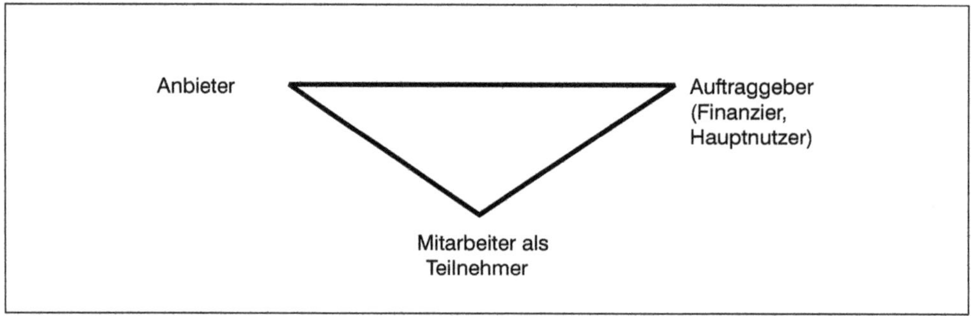

Abbildung 1.7:
Anbieter-Nachfrager-Konstellation

Spätestens hier wird ganz deutlich, dass es wenig Sinn macht, unterschiedslos von „Kunden" der Dienstleistung zu sprechen. Der eigentlich Kunde ist hier der Auftraggeber, die Betriebsleitung oder die Großorganisation (Berufsverband, Institution usw.). Die Mitarbeiter zahlen als Lernende meist nicht. Interessen und eingebrachte Leistungen von Kunden und Lernenden sind nicht per se identisch. Unterschiedliche Interessen, Rollen und Beziehungen würden verdeckt, wenn man alle Beteiligten auf der Nachfrageseite unterschiedslos als Kunden bezeichnen würde. Vielmehr ist es höchst sinnvoll, zwischen Auftraggebern, Finanziers, Teilnehmern und Nutzern zu unterscheiden.

Ebenso sinnvoll ist es, zwischen *Kunden-Orientierung* und *Teilnehmer-Orientierung* als Prinzipien der Ausrichtung an der Nachfrage zu unterscheiden, da es um unterschiedliche Loyalitäten geht, die auch in Konflikt miteinander geraten können. Dabei bezwecken diese Leitprinzipien zunächst etwas Ähnliches: nämlich die Risikominderung einer Entscheidung für eine Weiterbildungsmaßnahme. Nur steht im ersten Fall die Minderung des finanziellen Risikos im Vordergrund, im zweiten die des unnötigen Lernaufwandes, der Persönlichkeitsverletzung usw.

Beispiel für einen möglichen Konflikt:

Die Betriebsleitung wünscht eine Schulung in Team-Arbeit, die Mitarbeiter halten dies für eine verdeckte Rationalisierungsmaßnahme und verweigern sich dem Lernangebot offen oder verdeckt.

Selbst wenn die Interessen parallel laufen oder sich ergänzen, verbinden die Teilnehmer mit Bildungsmaßnahmen anderes und müssen darin anderes leisten als der mögliche Auftraggeber: ihre Bedarfe und Motivationen sollten deshalb von vornherein in die Planung einbezogen und Handlungsspielräume für die Durchführung vereinbart werden.

Der Anbieter muss also in einer solchen Konstellation eine *doppelte Loyalität* entwickeln: eine gegenüber dem Auftraggeber als direktem Kunden und eine gegenüber dem Lernenden als Koproduzenten der Leistung. Im Konfliktfall kann sich der Bildungsanbieter nicht einseitig auf seine Loyalität gegenüber dem

„zahlenden Kunden“ zurückziehen, und zwar aus zwei Gründen: Dies bedeutete zum einen eine Verabschiedung von der professionellen Aufgabe der Lernunterstützung als eigentlichem Kern der Dienstleistung. Zugleich und zum anderen würde damit das Gelingen der Dienstleistung im Sinne eines Kompetenzzuwachses der Mitarbeiter massiv in Frage gestellt, was wiederum auch nicht im Interesse des Auftraggebers liegen kann. Die professionsethische Verantwortung kann vom Anbieter eine Vermittlung zwischen den Beteiligten verlangen, im Extremfall auch eine Rückgabe des Auftrags.

Dabei haben wir bisher nicht berücksichtigt, dass auch auf der Anbieterseite meist unterschiedliche Personen beteiligt sind: z.B. Leitung, Mitarbeiter in verschiedenen Funktionen und Positionen, auch freie Mitarbeiter. Die Anbieter-Nachfrager-Beziehung kann dadurch erleichtert werden, dass unterschiedliche Aufgaben von entsprechenden Zuständigkeiten wahrgenommen werden, aber auch erschwert, wenn die interne Kommunikation und Abstimmung nicht ausreichend ist. Im folgenden Schema (D) wird die Differenzierung auf Anbieter- und Nachfrageseite angedeutet (WB-Anbieter = Weiterbildungseinrichtung, Kunde = auftraggebendes Unternehmen).

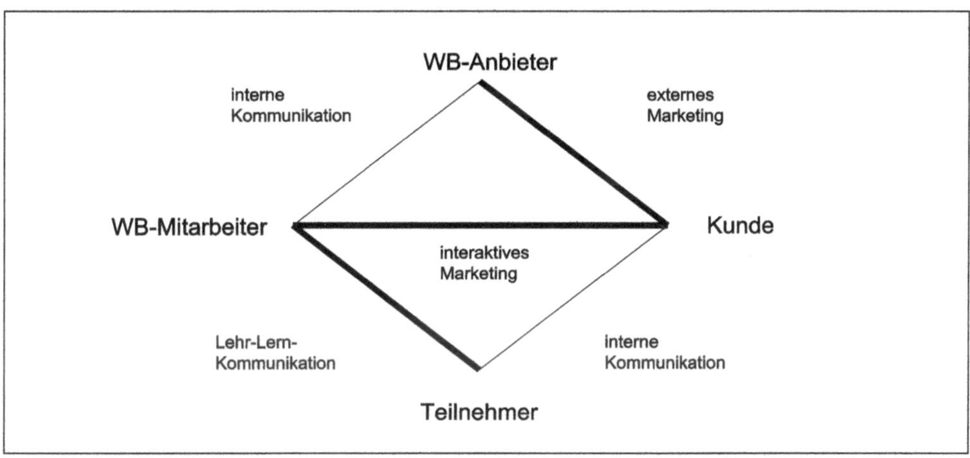

Abbildung 1.8:
Anbieter-Nachfrager-Konstellation

Außer den Beteiligten werden im Schaubild die Kommunikationsbeziehungen benannt. Innerhalb der jeweiligen Unternehmungen muss die interne Kommunikation gelingen. Zwischen den jeweiligen Unternehmungen werden Marketingbeziehungen realisiert, wobei unterschieden wird zwischen dem externen Marketing zwischen Anbieter und Kunden und dem interaktiven Marketing im Gespräch der jeweiligen Mitarbeiter (nach Kotler/Bliemel 2001). Der Dienstleistungsprozess (Lehr-Lern-Kommunikation) vollzieht sich hauptsächlich zwischen lehrenden Mitarbeitern des Anbieters und teilnehmenden Mitarbeitern des Nachfragers.

Eine solche „Beziehungsgrafik“ könnte im Hinblick auf konkrete Fälle noch variiert oder erweitert werden. So könnte alternativ zum zahlenden Kunden auch ein Kooperationspartner auftreten, etwa eine Altentagesstätte, die den Weiterbildungsanbieter um eine Anreicherung ihres Betreuungsprogramms bittet, wobei ihre Gegenleistung nicht in einer Geldleistung bestehen muss. Kooperationsbeziehungen nehmen im Weiterbildungsbereich ständig zu. Kooperationspartner können auf der Anbieter- wie auf der Nachfrageseite ins Spiel kommen, aber auch zwischen beiden vermitteln: wenn etwa ein Techniklieferant einen Weiterbildungsanbieter für eine entsprechende Schulung beim Auftraggeber hinzuzieht.

Dadurch entstehen *Netzwerkbeziehungen*, die weit über das in der Grafik Angedeutete hinausgehen. Dies muss aber nicht heißen, dass Bildungsmarketing und Bildungsarbeit immer schwieriger werden. Vielmehr können die vernetzten Beziehungen auch zu einer Entlastung führen, wenn sie eine gewisse Kontinuität schaffen. Dadurch kann ein *„Beziehungsmarketing“* entstehen, das gegenüber einem punktuellen „Transaktionsmarketing“ (Begriffe nach Kotler/Bliemel 2001) den Vorteil hätte, dass die Rahmenbedingungen für jeden konkreten Austauschprozess nicht jeweils wieder neu verhandelt werden müssen.

Kehren wir von diesem Ausblick auf die Marketingfrage (vgl. dazu Kap. 4.1) zur Charakteristik der Weiterbildungsdienstleistung zurück. Die Bildungsdienstleistung ist für alle Beteiligten eine besonders anspruchsvolle (s. Kap. 1.2). Wegen der ohnehin hohen Eigenleistung des Nachfragers, aber auch wegen der nicht vollständigen Individualisierbarkeit der Dienstleistung bzw. der damit verbundenen Kosten stellt sich für den möglichen Nutzer verschärft die Frage, ob und wann er überhaupt eine Bildungsdienstleistung wahrnehmen soll (Kap. 1.3). Deshalb müssen in Konzeption und Marketing der Bildungsdienstleistung deren mögliche Vorteile für den Nutzer besonders herausgearbeitet werden. Dabei ist im Sinne der hier (Kap. 1.4) dargestellten unterschiedlichen Kundenbeziehungen zu beachten:

Bildungsdienstleistungen haben oft mehrere Auftraggeber. Zahlender „Kunde“ und lernender Teilnehmer müssen nicht identisch sein. Im Hinblick auf solche unterschiedlichen Adressaten der Bildungsdienstleistung können für den Anbieter Loyalitätskonflikte auftreten (Kap. 1.4), die Anforderungen an die Transparenz, aber auch an die Ethik der Dienstleistungsarbeit stellen.

Fragen zum Themenbereich „Weiterbildung als Wirtschaftsgut“

- Vergewissern Sie sich, welche unterscheidbaren Dienstleistungen (Leistungstypen) potenzielle Nutzer bei Ihnen nachfragen können.
- Haben die Adressaten im Hinblick auf Ihre Angebotsthemen die Wahl zwischen Ihren Dienstleistungen und dem Eigenlernen zu Hause? Vergleichen Sie Vor- und Nachteile. Welche Vorteile Ihrer Dienstleistungen könnten Sie stärker herausstellen?

	autodidaktisches Lernen	*Dienstleistung*
Nachteile		
Vorteile		

- Welche typischen Rollenverteilungen gibt es auf der Nachfrageseite für Ihre Angebote? Welche Konstellationen von Kundenbeziehung ergeben sich daraus? Und welche Notwendigkeiten zur möglichen Konfliktbereinigung oder der verstärkten Kunden- oder Teilnehmerorientierung?

Literatur zur Vertiefung

Bieberstein, Ingo (2006): Dienstleistungs-Marketing. Ludwigshafen

Vertiefung des Marketingaspektes im Hinblick auf Dienstleistungen allgemein; Lehrbuchcharakter

Haller, Sabine (2002[2]): Dienstleistungsmanagement: Grundlagen, Konzepte, Instrumente. Wiesbaden

Schlankes modernes Werk mit Überblick über wesentliche Aspekte des Dienstleistungsmanagements

Häußermann, Hartmut/Siebel, Walter (1995): Dienstleistungsgesellschaften. Frankfurt

2 Bedarfserschließung

Ein Bildungsbedürfnis muss sich nicht in Weiterbildungsteilnahme – genauer: in der Nachfrage nach einer Bildungsdienstleistung – äußern. Das wurde im vorigen Kapitel klar. In diesem Kapitel geht es uns aber ausdrücklich um den Bedarf an solchen Dienstleistungen und um seine Erschließung. Um das Thema noch weiter einzugrenzen: Hier werden vor allem Möglichkeiten behandelt, schon vor dem Beginn einer Maßnahme Genaueres über den konkreten Bedarf zu wissen. (Was nicht heißt, dass man auf eine genauere Passung von Erwartungen und Unterstützungsleistungen im Kurs selbst verzichten kann.)

Nutzer/innen und Anbieter müssen mehr voneinander wissen, und das möglichst frühzeitig, wenn Bildungsdienstleistungen zustande kommen und erfolgreich verlaufen sollen. Dadurch können Bedürfnisse der Nutzer/innen schon in die Angebotsentwicklung einfließen, ihr Kaufrisiko wird gemindert, der Anbieter erspart sich womöglich den Aufbau von Überkapazität. Gemessen an dieser zentralen Bedeutung für die Dienstleistung Erwachsenen- und Weiterbildung wird der Ermittlung des Bedarfs – nach allgemeiner Ansicht von Wissenschaft und Praxis – selten genügend Aufmerksamkeit gewidmet. Das liegt zum einen daran, dass die Aufgabe der Bedarfsklärung problematischer und komplexer ist, als dies in manchen forschen Marketingbotschaften zugegeben wird: „Wir fertigen maßgeschneiderte Angebote exakt für Ihren Bedarf.“ Zum anderen ist der Bedarf keine so eindeutige und einfach abfragbare Größe. Und schließlich muss auch der Aufwand der Bedarfserschließung in sinnvollem Verhältnis zu ihrem Ertrag stehen. Entsprechende Überlegungen können bei einigen Bildungsanbietern dazu führen, herkömmliche Formen der Bedarfsweckung und -befriedigung (z.B. präzise Angebotsformulierung, Beratung, Evaluation der Nutzerzufriedenheit) einer vermeintlich aufwändigen frühzeitigen Bedarfsfeststellung vorzuziehen.

Weil die Aufgabe der „Bedarfserschließung“ als grundlegend angesehen wird, geht dieses Kapitel dem der „Angebotsentwicklung“ voran, obwohl sich in der Praxis beides oft in Wechsel-Schritten vollzieht. Das Kapitel beginnt mit einigen theoretischen Überlegungen zum Bildungsbedarf und seiner möglichen Ermittlung, stellt dann beispielhafte Strategien oder Vorgehensweisen vor und endet mit der Frage nach dem sinnvollen methodischen Aufwand. Wir versuchen also, uns der Aufgabe der Bedarfserschließung soweit anzunähern, dass sie danach bearbeitbarer erscheint. Im Hinblick auf die praktische Durchführung kann es – je nach den Besonderheiten des Vorhabens und den eigenen Vorkenntnissen – nützlich sein, sich weitere methodische Kenntnisse anzueignen.

2.1 Fragen und Thesen zum Bildungsbedarf

2.1.1 Weiterbildung höher geschätzt als nachgefragt?

Mit dieser Frage hole ich etwas weiter aus, auch um ein paar Grundinformationen zur Weiterbildungsbeteiligung vorauszuschicken.

In der Bundesrepublik sind seit den fünfziger Jahren die Einstellung der Bevölkerung zur Weiterbildung und das konkrete Weiterbildungsverhalten erforscht worden, seit 1979 wird die Beteiligung von der Bundesregierung alle drei Jahre relativ verlässlich erhoben (z.B. BMBF 2003). Dabei zeigt sich seit den ersten Befragungen bis heute eine Konstante: Die Wertschätzung der Weiterbildung ist höher als die Beteiligung. Der Einstellung „Jeder sollte bereit sein, sich ständig weiter zu bilden" stimmten und stimmen über 90 % der Bevölkerung zu (BMBF 2003), zuletzt sogar 96,3 % der erwachsenen Münchener (Tippelt 2003). Allerdings nahmen und nehmen keineswegs so viele Menschen tatsächlich regelmäßig an Weiterbildungsangeboten teil. 1979 waren es 23 % der erwachsenen Bevölkerung unter 65 Jahren. Ein Wert, der bis auf 48 % (1997) gestiegen und erst bei den folgenden Zählungen zurückgegangen ist. Nach eigenen Angaben bilden sich zwar noch mehr Menschen selbständig bzw. allein weiter, dennoch bleibt eine Differenz, es öffnet sich gleichsam eine „Schere" (so Schulenberg schon 1978) zwischen einer allgemeinen Wertschätzung der Weiterbildung und der tatsächlichen Bildungsbeteiligung.

Dies ist ein Befund, der auch für die Praxis der Bedarfsermittlung vor Ort brisant ist, denn er bedeutet u.a., dass Wertschätzung und allgemeines Interesse an Weiterbildung noch längst nicht zur konkreten Nachfrage führen müssen. Warum sich diese Weiterbildungsschere auftut, wird von den Umfragen nicht gehaltvoll erfasst. „Keine Zeit", ist die häufigste Antwort. Ob man also mit Bejahung einer Weiterbildungspflicht einfach nur eine vermeintlich erwünschte Antwort gibt, ob man selbst zur Zeit kein konkretes Bedürfnis nach Fortbildung hat, ob man kein geeignetes Angebot findet oder andere Bedingungen (auch Zeit und Geld) und Risiken an einer Teilnahme hindern, kann so allgemein nicht beantwortet werden.

Dramatisch stellt sich der Befund einer Weiterbildungsschere aber erst beim Blick auf unterschiedliche soziale Gruppen dar. Die Schere zwischen Wertschätzung und Beteiligung klafft nämlich umso stärker auseinander,

- je weniger Vorbildung die Teilnehmer haben,
- je niedriger ihre Schichtzugehörigkeit bzw. ihr beruflicher Status ist.

Diese Aufzählung könnte man fortsetzen: Migranten nehmen weniger teil als Deutschstämmige, ältere Menschen weniger als jüngere, Nicht-Erwerbstätige weniger als Erwerbstätige (insbesondere im Hinblick auf die berufliche Bildung!).

Zwar haben im Laufe der Jahre auch immer mehr Menschen aus den genannten Gruppen sich an Weiterbildung beteiligt, aber der relative Abstand zum Bevölkerungsschnitt bzw. zu Menschen in einer günstigeren sozialen Lage ist geblieben.

Aus den Befunden kann man nicht schließen, dass die soziale Lage als solche Ursache für Nicht-Teilnahme oder seltenere Teilnahme ist. Zum einen gibt es Menschen in derselben Lage, die sich offensichtlich weiterbilden (z.B. über ein Viertel der Nicht-Erwerbstätigen, auch der Migranten). Zum anderen zeigen speziellere Befragungen, dass viele Menschen mit „ungünstigen sozialen Faktoren“ durchaus an informellen Lernprozessen im Alltag oder am Arbeitsplatz teilnehmen, aber sich der Teilnahme an formaler Weiterbildung entziehen, weil sie keinen angemessenen Gewinn darin sehen (Bolder/Hendrich 2000) oder weil sie ein unsicheres Selbstbild haben: Angst vor Misserfolg, auch vor Wiederholung schlechter Schulerfahrungen, geringe Zielorientierung (Brüning/Kuwan 2002).

Das heißt, man darf die Lebenslage nicht als Determinante für Bildungsbeteiligung auffassen, vor allem nicht einzelne Adressaten entsprechend klassifizieren, etwa so: „Über 55, nur Volksschulabschluss, angelernt, auch noch katholisch? Kommt sowieso nicht!“ Sondern es handelt sich nur um eine durchschnittliche Korrelation zwischen bestimmten sozialen Merkmalen und der Weiterbildungsbeteiligung. Dabei wird die soziale Lage eine von mehreren Größen darstellen (neben eigenen Erfahrungen, „objektiven“ Bedingungen usw.), die die subjektiven Verarbeitungsweisen des Einzelnen mitprägen und darunter auch die Weiterbildungsbereitschaft. In solchen Einstellungen ist oft auch ein gutes Stück Realismus enthalten, so wenn in den zuletzt genannten Untersuchungen viele Nicht- oder Selten-Teilnehmende sagen, dass sie für ihre Bedürfnisse keine geeigneten Angebote gefunden haben (was zumindest hinsichtlich der mangelnden Quantität an betrieblicher Weiterbildung für die unteren Lohn- und Gehaltsgruppen nachvollziehbar wäre) oder dass sie angesichts der Konjunktur- und Arbeitsmarktlage in ihrer Motivation gedämpft werden.

Das hier nur kurz angerissene Problem der besonders weit geöffneten Schere zwischen der Wertschätzung und der Beteiligung an Weiterbildung bei bestimmten Gruppen stellt sicherlich eine besondere Herausforderung für Weiterbildung und Gesellschaft dar. An dieser Stelle können wir uns nur auf die gängigen Möglichkeiten der Weiterbildungspraxis beziehen, auch verdeckte Bedarfe zu ermitteln. Wobei die Weiterbildungsschere durchaus auch bei den hier nicht ausdrücklich genannten Gruppen der Gesellschaft geöffnet erscheint, oft nur nicht so weit.

2.1.2 Warum muss Weiterbildungsbedarf geklärt werden?

Menschen, die sich weniger an Weiterbildung beteiligen, scheinen die „Schere“ nicht als spannende Aufforderung zu verstehen, sie zu schließen. Es fehlt das konkrete Bedürfnis oder die Aussicht auf seine sinnvolle Befriedigung, also eine Zielspannung.

Definition
Als Bedarf bezeichnen wir allgemein eine solche Spannung zwischen einem Mangelempfinden und der Aussicht auf seine mögliche Befriedigung. Wirtschaftlich betrachtet kommt dieses Bedürfnis in der Nachfrage nach einem entsprechenden materiellen oder immateriellen Gut zum Ausdruck.

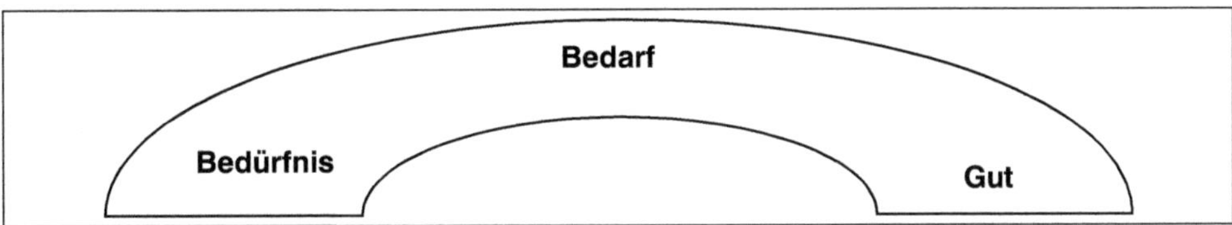

Abbildung 2.1:
Bedarf als Spannungsverhältnis

In Teilen der Wirtschaftswissenschaften wird der Bedarf schon gleichgesetzt mit der *Nachfrage* nach Gütern oder sogar mit den Gütern selbst, die Nutzen für die Befriedigung bestimmter Bedürfnisse haben.

Dem möchte ich hier nicht folgen. Aus ökonomischer Sicht ist zwar nur von Interesse, was am Markt auftritt. Aber im Kapitel „Make or buy?“ (1.3) haben wir festgestellt: Es gibt einen Bildungsbedarf, der sich nicht in der Nachfrage nach Dienstleistungen äußert, sondern individuell in Eigenarbeit befriedigt wird. Und diese „Alternative“ darf man nicht aus dem Blick verlieren, wenn man Bildungsdienstleistungen erfolgreich anbieten will. Vielleicht hilft es, zwischen **manifestem und latentem Bedarf** zu unterscheiden. Manifester Bedarf ist sichtbar, zeigt sich in einem bestimmten Handeln, z.B. als Nachfrage. Latenter Bedarf ist noch verborgen, z.T. bei den Betroffenen noch nicht ganz geklärt, jedenfalls dem Außenstehenden nicht erkennbar.

Sprachlich betrachtet stammen **Bedürfnis und Bedarf** vom gleichen Wort ab, dem heutigen Verb „bedürfen“. „Bedürfnis“ wirkt subjektiver, „das Bedürfnis *nach* ...“ erinnert an eine unbestimmte Sehnsucht nach ... „Bedarf“ wirkt objektiver, bestimmter: „der Bedarf *an*“ klingt zielgerichteter: Bedarf an Nahrung, Lektüre. Psychologisch betrachtet erscheint „Bedürfnis“ als dynamisches Antriebsmoment, das in der Identität, der Trieb- und Motivstruktur des Menschen verankert ist. Im „Bedarf“ hat sich das Bedürfnis konkretisiert, es richtet sich auf bestimmte Möglichkeiten der Befriedigung aus (etwa ein Angebotsthema) und wird so zur Motivation. Wobei „Bedarf“ oft auch als Oberbegriff für beide Aspekte verwendet wird. Das tun wir hier zunächst auch, wenn wir zur Definition von Weiterbildungsbedarf zurückkehren.

Im weiten Sinne besteht Weiterbildungsbedarf aus einem Bildungsbedürfnis, das durch ein Bildungsgut zu befriedigen wäre, sei es in Eigenleistung, sei es mit Hilfe einer Dienstleistung. Dabei lassen wir die vielfältigen psychologischen Entstehungsbedingungen außer Acht: etwa die Frage, ob zunächst ein (internes) Bildungsbedürfnis da ist, das sich sein konkretes Lerninteresse sucht, oder eine (externe) Lernanforderung, die ein Bildungsbedürfnis auslöst.

Im engen Sinne, nach Klärung der konkreten Gegebenheiten, zeigt sich Bildungsbedarf als Spannung zwischen vorhandenen(lückenhaften) und wünschenswerten Kompetenzen.

Definition
Weiterbildungsbedarf stellt im Kern ein Lernerfordernis dar, das sich aus einer Diskrepanz zwischen vorhandenen und wünschenswerten Kompetenzen ergibt.

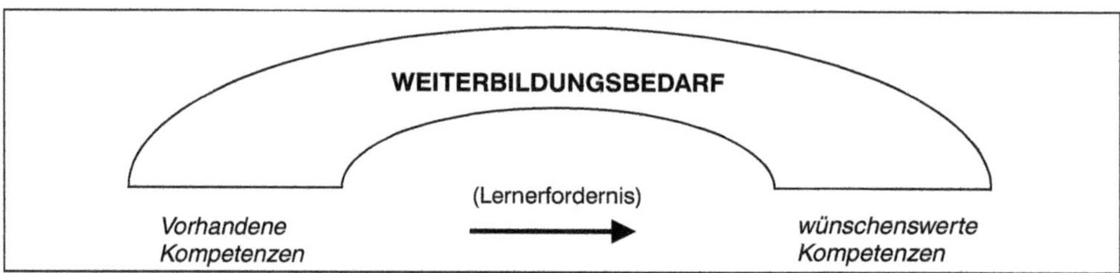

Abbildung 2.2:
Weiterbildungsbedarf

Anbieter, die Interessenten vor Eintritt in eine Maßnahme beraten, werden selten eine exakte Definition dieser Bedarfsspannung zu hören bekommen, sondern ein Ausgangsproblem, einen Inhalt oder ein gewünschtes Folgeergebnis, wie das Bestehen einer Prüfung. Sie klären diesen Wunsch meist so weit, dass sie dafür eine Lösungsmöglichkeit aus dem eigenen Angebotsspektrum anbieten können. Eine solche Beratung muss nicht problematisch verlaufen.

Dazu ein Beispiel:

Wir stellen uns eine Beratungssituation bei einem Bildungsanbieter vor, in der ein Interessent nach einem geeigneten Angebot fragt, um sich wieder an die englischsprachige Konversation zu gewöhnen und flüssiger zu werden. Er habe demnächst eine bestimmte berufliche Aufgabe „im Ausland" zu erledigen. Sein Schul-englisch sei nicht schlecht gewesen und er verfüge auch über ein gewisses Fachvokabular, insgesamt sei es aber doch eine für ihn neue und ungewisse Situation, auf die er sich vorbereiten wolle. Für die Beraterin ist dies ein erfreulich klarer Fall: Der Interessent weiß, was er kann (vorhandene Kompetenz) und was er will (erwünschte Kompetenz). Die vorhandene Kompetenz könnte man noch etwas genauer überprüfen, aber im Hinblick auf das genannte Ziel scheint das nicht ganz so entscheidend: ein passendes Intensivtraining in Verhandlungssprache und Konversation wird schnell aus dem umfangreichen Programmkatalog herausgesucht.

Das ist wohl eine Standardsituation der Bedarfsklärung für viele Weiterbildungsanbieter und in der Regel führt sie auch zu brauchbaren Ergebnissen. Was könnte dennoch problematisch oder unzureichend an dieser Art der Bedarfsfeststellung sein?

Bei meiner Beantwortung der Frage übertreibe ich unser kleines Beispiel ein wenig, um es dann etwas schematisch zu verallgemeinern.

Weiter im Beispiel:
Unser Englisch-Bildungsinteressent hat, seit er von der beruflichen Aufgabe weiß, über eine mögliche Vorbereitung nachgedacht und auch jetzt, nach der Beratung und Kursbuchung kommt er wieder ins Grübeln. Er freut sich auf die unbekannte Aufgabe, aber ihm macht sie auch Sorgen. Ist es nicht eine voreilige Annahme, etwas sprachliche Auffrischung könnte ihn sicherer machen? Ist es nicht eher das Fremde als solches, das ihn beunruhigt: das unbekannte afrikanische Land, die andere (Firmen-)Kultur, eine andere Handhabung sonst gewohnter beruflicher Aufgaben, die übernommene Verantwortung? Ist das überhaupt mit herkömmlichem Lernen zu meistern? Müsste er sich anders, nicht nur sprachlich darauf vorbereiten? Und wenn schon eine Sprache, wäre es nicht etwas höflicher, das dort gesprochene Französisch etwas zu üben, obwohl seine Erfahrungen damit weit zurück liegen? Dagegen das bisschen Englisch, das ihm noch fehlen könnte (die Abschlussdokumente werden ohnehin professionell übersetzt) – reichte es dazu nicht aus, eine Sprach-CD-Rom aufzulegen oder einfach mehr Englisch im Radio zu hören?

Um das skizzierte Umfeld dieser Weiterbildungsnachfrage und mögliche weitergehende Beratungsaufgaben zu klären, liste ich erst einmal die Stationen der Bedarfsklärung auf, wie sie der Bildungsinteressent und -teilnehmer durchläuft.

Stationen der Bedarfsklärung aus der Sicht des Bildungsinteressenten

- Bedürfnis
- Bildungsbedarf
- Nachfrage
- Teilnahme
- Lernergebnis
- Anwendung

Unser Bildungsinteressent hat zweifellos ein **Bedürfnis**: vor allem das nach Reduzierung seiner Unruhe und Ungewissheit. Letzteres könnte er vielleicht auch ohne Weiterbildung erreichen. Aber er ist ein Mensch, der künftige Situationen selbständig und kompetent bewältigen will. Das ist ein Bedürfnis, das schon deutlich bildungsorientiert ist, ähnlich wie Bedürfnisse nach Leistung, nach Anerkennung, nach Selbstverwirklichung (im Sinne einer Ausschöpfung der eigenen Potenziale).

Damit daraus ein konkreter **Weiterbildungsbedarf** wird, muss sich das allgemeine *Bedürfnis* mit einem besonderen *Lerninteresse* verbinden, mit einer sachgerichteten Motivation, etwa der Beherrschung eines bestimmten Wissens. Diese Verbindung ist durchaus nicht so selbstverständlich und fest, wie manche Fach-Lehrkräfte unterstellen. Wer die freie Wahl hat, dem kann das ursprüngliche Bedürfnis sogar wichtiger sein als der Lerngegenstand: „Ich wollte nur mal wieder meinen Kopf anstrengen (Leistungsbedürfnis), dieser Volkswirtschaftskurs als solcher (Lerngegenstand) ist für mich eigentlich nicht wichtig." Wer keine freie Wahl hat, weil er einer Außenanforderung folgt, wird vielleicht nicht so sehr „mit dem Herzen" bei der Sache sein. Er ist zusätzlich darauf angewiesen, über *„objektive Bedingungen"* seiner Lernabsicht aufgeklärt zu werden, die ihm bisher nicht bewusst gewesen sein mögen, wie Prüfungsbedingungen, fachliche Lernerfordernisse, mögliche Verwendungsschwierigkeiten.

Der Bildungsinteressent im Beispiel entscheidet sich schließlich für einen Lerngegenstand, dessen Wahl ihm am ehesten erfolgversprechend erscheint und der ihm überhaupt eine **Nachfrage** bei einem Bildungsanbieter ermöglicht. Für den Anbieter tritt hier zum ersten Mal der Bedarf in Erscheinung, der aber nur insofern als klärungsbedürftig erscheint, als der Interessent noch Unsicherheiten zu erkennen gibt oder das passende Angebot nicht unmittelbar zur Verfügung steht.

Teilnahme und **Lernergebnis** markieren die Stationen der Bildungsmaßnahme, in der noch Feinabstimmungen zwischen Bedarf und Anbieterleistungen stattfinden (durch Erwartungsabfrage, erste Übungskontrollen, Feedbacks usw.). Ob der Bedarf angemessen angemeldet und getroffen worden ist, zeigt sich jedoch erst in der Situation der **Anwendung** (Beispiel: Auslandsaufgabe), die in der Regel nicht mehr vom Bildungsanbieter begleitet wird. Sie können sich sicher vorstellen, dass der Bedarf sich in diesem Prozess noch beträchtlich verändern oder ausdifferenzieren kann. Bedarf ist eben *keine feste und abfragbare Größe,* sondern eine erfahrungsabhängige und damit wandelbare.

Eine aufwändigere Bedarfsklärung – das zeigte schon unser kleines Beispiel – müsste über die bloße Angebotsberatung in der Nachfragesituation hinausgehen, genauer: zurückgehen und nach der Ausgangslage (den Bedürfnissen und objektiven Handlungsbedingungen, dem Ist-Stand) fragen und alternative Möglichkeiten ihrer Befriedigung durchspielen (andere Bildungsangebote, andere Handlungsmöglichkeiten). Das wird man bei relativ klar erscheinenden *individuellen* Anfragen nur begrenzt machen (können).

Wird ein gemeinsames Klären der Bedürfnislage oder der genaueren Bedarfskonstellation aber gar nicht als Möglichkeit ins Auge gefasst, dann geht man faktisch davon aus, dass nur solche Individuen und Institutionen Weiterbildung nachfragen können, die ihren Bildungsbedarf selbst geklärt haben und ihr Lerninteresse in Form der Angebotstitel des Anbieters artikulieren können.

Das Letzte gelingt offensichtlich sehr vielen Menschen nicht (s. den Abschnitt über Weiterbildungsbeteiligung), aber auch Organisationen, vor allem Klein- und Mittelbetriebe, haben damit ihre Schwierigkeiten. Insbesondere im Hinblick auf *institutionelle* Nachfrage, aber auch auf *große Gruppen individueller* Nachfrager, erscheint es deshalb lohnenswert, Ausgangslage, Bedürfnisse und Bedarfe „zurückzuverfolgen" oder schon weit vor Beginn einer Maßnahme zu erheben. Ziel solcher Bedarfsklärungen kann es beispielsweise sein,

- Weiterbildungsbeteiligung und Nutzerkreis zu erhöhen (s. Kap. 2.1.1);
- das „Kaufrisiko" für den Nutzer zu senken (s. Kap. 1.4),
- die anschließende Entwicklung bedarfsgerechterer Angebote zu ermöglichen (s. Kap. 3).

Der institutionelle Bedarf durchläuft im Übrigen ähnliche Stationen wie der individuelle. Vielleicht würde man die erste Station dort nicht als Bedürfnis bezeichnen, sondern als Problemsituation oder als Entwicklungsperspektive, die die Organisation ins Auge gefasst hat. Aber die weiteren Problematiken sind ähnlich wie beim Individuum: Kann man die Problemlage (allein) abklären? Was sind die Lösungsmöglichkeiten, ist Weiterbildung eine davon? An welche Form und welche Inhalte wäre bei einer Weiterbildung zu denken? Wie können die vorhandenen und wünschenswerten Kompetenzen genauer abgeklärt werden? Usw.

Die Bedürfnisse spielen allerdings auch bei der institutionellen Nachfrage insofern eine Rolle, als natürlich die Wünsche und Motivationen aller Beteiligten in die Bedarfsklärung einbezogen werden müssen, insbesondere auch die Bedürfnisse und Sichtweisen der Mitarbeiter/innen, die an einem möglichen Lernprozess teilnehmen sollen. Dieser gelingt bekanntlich umso eher, je mehr die Lernenden *intrinsisch motiviert* sind, also überzeugt vom Sinn der Sache sich selbst motivieren oder *extrinsische* Außenanforderungen zumindest als notwendig für sich akzeptieren können.

2.1.3 Strategien: Bedarfe wecken oder ermitteln?

Was soll die Bedarfsklärung letzten Endes leisten? Soll sie – platt gesagt – die wahren Bedürfnisse des Nutzers herausfinden oder soll sie das eigene Angebot und Potenzial absetzen helfen? Und welche Gesamtstrategie scheint geeignet, das entsprechende Ziel zu verfolgen?

Natürlich sollen beide Seiten am Ende zufrieden sein. Nur ein aufgeklärtes Bedürfnis findet Handlungs- und Lösungsmöglichkeiten. Dazu gehören auch bisher bewährte Angebote. Angebote können Bedarfe abklären helfen – sie können sie jedoch auch verdecken. Unser Beispielinteressent war so froh darüber, ein anscheinend passendes Angebot gewählt zu haben, dass ihm erst später wieder bewusst wurde, dass sein Bedarf noch nicht völlig geklärt war. Vergleichbare Beispiele werden auch aus der Zusammenarbeit zwischen Weiterbildungsanbietern und Betrieben kolportiert, wonach schließlich geeignet wirkende Bildungsangebote eingesetzt werden, ohne dass der Problemlage des Betriebs gründlich genug nachgegangen worden wäre. Das gängige Angebot verdeckt – wie ein Stereotyp – oder eine Zauberformel – die Frage nach dem eigenen Bedarf.

Als basale Strategie, die solche Gefahren vermeidet, gilt heute in der Praxis häufig eine „nachfrageorientierte Strategie“, im Gegensatz zur „angebotsorientierten Strategie“ (oder Angebotspolitik).

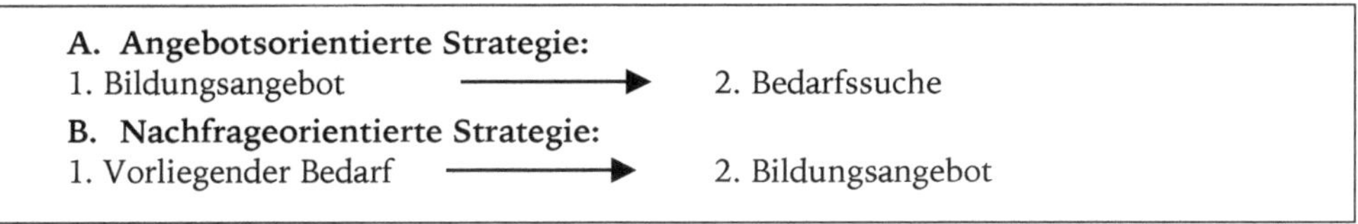

Abbildung 2.3:
Angebots- und Nachfrageorientierung als Bedarfsstrategien

Wer angebotsorientiert vorgeht, tut dies häufig, indem er sein Angebotsprogramm veröffentlicht und auf den Markt bringt, das nun seinen Bedarf finden muss. In diesem Fall ist das Programm selbst ein Instrument der Bedarfserkundung, das durch flankierende Maßnahmen – Werbung, Beratung – und nachträgliche Auswertung ergänzt und überprüft wird (Typ A: Beispiel Volkshochschule). Nachfrageorientiert arbeitet man dann, wenn man sich zwar mit einem bestimmten Leistungsprofil auf den Markt begibt, aber ansonsten „maßgeschneiderte" Lösungen – je nach Nachfrage und Bedarf möglicher Abnehmer – vorlegt oder erst entwickelt. Hier geht also Bedarfsermittlung der Angebotsentwicklung voraus oder beide erfolgen in Wechselschritten (Typ B: beispielsweise Auftragsmaßnahme für einen Betrieb).

Sowohl unter pädagogischen Aspekten als auch unter Effektivitätsgesichtspunkten erscheint die zweite Schrittfolge als angemessener. Es bleibt anscheinend keine Ungewissheit über den Bedarf und die Nachfrage und die Angebote können gezielter und vor allem: in Auseinandersetzung mit den Betroffenen entwickelt werden. Im ersten Fall dagegen (A) werden die Angebote anscheinend von den Planer/innen „normativ" verordnet. Sie gehen in eine weithin unbekannte Interessenten-Landschaft hinein, wobei relativ viel Werbeaufwand und Realisierungsverlust in Kauf genommen werden. Insofern liegt es heute nahe, die Strategie B der Idee nach zu bevorzugen oder sogar zu idealisieren. Ehe man dies tut, sollte man jedoch überlegen, welchen Sinn jede dieser beiden Strategien haben kann, welchen Aufwand sie verlangt und ob sie tatsächlich in der Praxis so weit auseinander liegen.

Strategie A wendet sich in der Regel an ein breites und anonymes Publikum – von Individuen. Diese können nur in seltenen Fällen vorab und mit einem überschaubaren Kostenaufwand befragt werden. Außerdem werden die Angebote nicht blind und beliebig gemacht, sondern gehen aus Erfahrungen mit früheren Teilnehmenden hervor, beruhen also auf relativ gesicherten Bedarfshypothesen. Einer solchen Strategie liegt die (unausgesprochene) Einsicht zugrunde: *Bedürfnisse werden in dem Maße klarer erkannt und in der Weise befriedigt, wie die umgebende Kultur Mittel zu ihrer Erfüllung zur Verfügung stellt. Bildungsangebote tragen deshalb zur Klärung von Erwartungen bei.*

Umgekehrt verlangt die zielgerichtetere Angebotsentwicklung in Strategie B einen verhältnismäßig großen Aufwand an primärer Recherche und Kosten, die auch beglichen werden müssen, und sie setzt die frühe Erreichbarkeit des Auftraggebers bzw. der Lerngruppe voraus. Es sind deshalb oft Auftrags- oder Kooperationsmaßnahmen, die diese Art von Bedarfsklärung ermöglichen. In der Regel wird das Angebot im Zuge der Bedarfsklärung auch hier nicht völlig neu entwickelt, sondern aus dem bisherigen Angebotspotenzial, etwa mit Hilfe einzelner Module, bedarfsgerecht zugeschnitten oder zusammengesetzt. Dieser Strategie liegt die Einsicht zugrunde: *Lernbedarfe werden immer individueller und differenzierter und sind deshalb nicht mit fertigen Angeboten angemessen zu befriedigen.*

Unter bestimmten Umständen machen auch Angebots- und Nachfrageorientierung gleichermaßen Sinn, verlangen aber einen unterschiedlichen Aufwand. Weiterbildner/innen müssten sich also fragen, welche Strategie im Hinblick auf ihre Angebotsmöglichkeiten und Dienstleistungen die sinnvolle und realisierbare ist, wobei es in der Durchführungspraxis auch eine ganze Reihe von Strategie-Mischungen und -Überlappungen gibt. Dabei kann es weder um eine Manipulation noch um eine bloße Abfrage der Bedarfe gehen, sondern wir wählen bewusst die Worte Bedarfsklärung oder Bedarfserschließung, um deutlich zu machen, dass es um einen Prozess wechselseitigen Suchens und Bewusstmachens geht, bei dem der Bedarf keine feste und feststehende Größe ist, sondern eine, die sich im Prozess entwickelt (vgl. Schlutz 1991).

Bei der nachfrageorientierten Vorgehensweise wird dieser Prozess früher eingeleitet. Das eröffnet die Möglichkeit, Angebote bedarfsgerechter zu entwickeln oder zuzuschneiden, im Extremfall sogar Lösungsangebote zu empfehlen, die außerhalb von (konventionellen) Bildungsleistungen liegen. D.h., die Bedarfsklärung könnte zu einer selbständigen Dienstleistung werden, die nicht notwendig an ein Kursangebot gekoppelt ist. Bei der angebotsorientierten Strategie wird der Klärungsprozess vor allem in die Angebotsberatung und in die Feinabstimmung innerhalb der Angebotsrealisierung verlagert.

Beide Formen der Bedarfsklärung werden durch Bedarfshypothesen auf Seiten der Anbieter gesteuert, die ebenfalls im Prozess präzisiert werden. Dazu im nächsten Abschnitt mehr.

2.1.4 Wie exakt lässt sich Bildungsbedarf bestimmen?

Um eine sinnvolle Bedarfsklärung vorzunehmen, muss man nicht nur wissen, warum man eigentlich den Bedarf besonders klären will und welche Strategie man dazu wählt, sondern auch, wie genau der Bedarf am Ende zu ermitteln sein wird. Andernfalls folgt man vielleicht einer Chimäre von „Maßschneiderei“, die hohen Aufwand erfordert, aber nicht den entsprechenden Ertrag bringt.

Die Bedarfsspannung kann auch als Ist-Soll-Spannung verstanden werden:

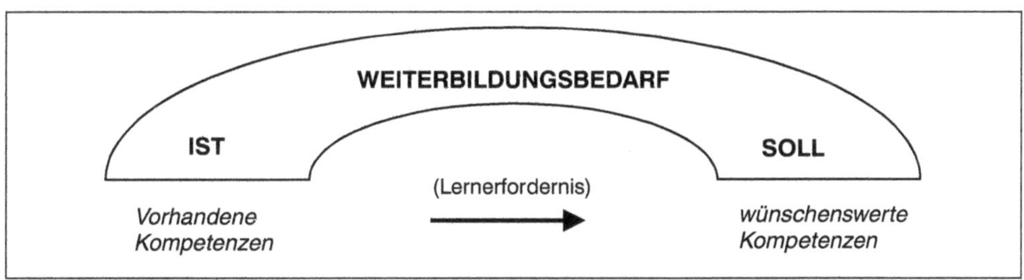

Abbildung 2.4:
Weiterbildungsbedarf als Ist-Soll-Spannung

Die mögliche Genauigkeit der Bedarfsmessung hängt davon ab, wie genau sich Ist- und Soll-Stand jeweils einschätzen lassen. Das sollte möglichst vorab ermittelt werden. Die folgenden drei gängigen Anfragen an eine Bildungseinrichtung bestätigen aber noch einmal, dass Interessenten selten eine klare Start-Ziel-Spannung angeben, sondern eher Problemstellungen, gewünschte Inhalte oder gar grundlegende Bedürfnisse. Überlegen Sie mit, wie genau in diesen Beispielen jeweils eine Ist-Soll-Spannung beschrieben wird und wieweit diese wohl noch zu präzisieren wäre:

a) „Ich möchte mein Englisch auffrischen."

b) „Unsere Sachbearbeiter sollten Excel beherrschen."

c) „Ich möchte mich nicht einfach von der täglichen Informationsflut berieseln lassen, sondern mich selbst orientieren und mit anderen auseinandersetzen."

Beispiel a:

Die Anfrage ist als Wunsch verständlich, gibt aber den Ist-Stand höchst subjektiv wieder („mein Englisch"), den Soll-Stand gar nicht. Der Ist-Stand könnte mit Hilfe gängiger Tests (Wortschatz, Strukturen, Lese-Hör-Verständnis) relativ gut ermittelt werden. Das Soll könnte durch Beratung näher eingekreist werden, wenn der Interessent sagen könnte, *wozu* die sprachliche Verbesserung dienen soll (Prüfung, Bewerbung, Verständigung im Urlaub) oder welche Inhalte bzw. welches Können ihm besonders wichtig sind (korrekte Grammatik, Redewendungen, Konversation). In jedem Fall wird man aufgrund des präzisierten Ist-Standes einen geeigneten Kurs auswählen können, mit dessen Hilfe der Interessent zunächst weiterlernen und weitergehende Ziele herausfinden kann.

Beispiel b:

Hier scheint es sich genau umgekehrt zu verhalten: Das Soll wirkt relativ präzise angegeben („Excel beherrschen"), während die Voraussetzungen der Mitarbeiter noch offen sind: z.B. mögliche EDV-Erfahrungen, Beherrschen von Kalkulationsformen usw. Aber auch das Soll wirkt noch recht vage bzw. wird dazu führen, dass ein Standard-Lehrprogramm eingesetzt wird, das den Mitarbeitern, gemessen an dem, was sie wirklich werden leisten müssen, entweder zuviel oder zuwenig abverlangt. Das „Beherrschen" lässt sich nur präzisieren und sogar in Lernkontrollen umsetzen, wenn genauer ermittelt wird, *wozu, in welcher Funktion* sie den Kurs brauchen und was sie dazu können müssen: tatsächlich alle Möglichkeiten der Tabellenkalkulation perfekt nutzen, den Umgang mit Makros kennen oder etwa „nur" vorhandene Tabellen schöner schreiben und mit Diagrammen veranschaulichen? Grundsätzlich ließen sich die Qualifikationserfordernisse bei diesem Lerngegenstand aber noch genauer benennen (etwa durch genauere Einschätzungen des Betriebes, durch Befragung, Beobachtung oder Überprüfung auch des bisherigen Könnens).

Beispiel c:

Bei der dritten Anfrage ist vielleicht die eine oder der andere von Ihnen versucht zu sagen: Der Interessent soll sich doch zunächst einmal ein Thema oder einen Lerninhalt suchen, an dem er Interesse hat, und dann wiederkommen! Denn so kann man ja weder den Ist-Stand noch die Sollgröße bestimmen. Das Letzte ist richtig und trotzdem ist diese offene Situation nicht untypisch für viele Individuen und Institutionen, z.B. auch für Betriebe: Man hat ein Problem, weiß aber die (Bildungs-)Lösung nicht. In diesem Fall liegt sogar schon ein eindeutiges Bildungsmotiv vor, also ein Bedürfnis, das mit Hilfe von Bildung zu befriedigen wäre: nämlich das eigene Potenzial zu erweitern im Hinblick auf einen aktiven Umgang mit Informationen, sich dadurch (vielleicht auch politisch) zu orientieren bzw. sich in der Auseinandersetzung mit anderen eine Meinung zu bilden. Damit dieses latente Bildungsbedürfnis zur manifesten Nachfrage werden kann, muss es sich mit einem inhaltlichen Lerninteresse verknüpfen (s.o.). Das aber könnte Sache der nun anstehenden Beratung sein. Letztlich wird man aber die Ist-Soll-Differenz und den Kompetenzzuwachs nicht genau messen, sondern nur tendenziell projektieren können.

Wir haben also drei nicht untypische Fälle von Bedarfsanmeldung besprochen, bei denen Ist- und Soll-Aspekt unterschiedlich genau formuliert erscheinen, aber auch nach aufwändigerer Bedarfsermittlung sich unterschiedlich präzise umrissen darstellen werden. Wir können grob unterscheiden, ob Ist- und Soll-Stand je für sich (und damit schließlich der Gesamtbedarf):

- *genau messbar* oder operationalisierbar (als Leistungen mit Angabe der Kontrollmöglichkeiten),
- *gut benennbar* oder
- nur *tendenziell* beschreibbar erscheinen.

Relativ messbar sind meist *Defizite* aus einem klassischen Wissens- und Könnens-Kanon, beruflicher oder allgemeiner Art, die mit bekannten Lernpaketen (wie Sprachunterricht, EDV-Anwender-Programme) ausgeglichen werden können. Geht es aber um die *Fortentwicklung eines komplexen Potenzials* oder um die Bewältigung einer noch unbestimmten *zukünftigen Anforderung*, dann fehlen die nötigen Sicherheiten zur Präzisierung, man wird bei behutsamen Beschreibungen und eingeschränkten Vorhersagen enden. Solche Lernprozesse, die eher Suchbewegungen als dem zielgerichteten Durchlaufen einer bestimmten Strecke ähneln, werden aber in Zukunft zunehmen.

Der Begriff „Soll-Ist-Vergleich“, der oft als Kernaufgabe von Bedarfsklärungen betrachtet wird, suggeriert eine exakte Bilanzierung, die es in vielen Fällen nicht geben kann und auch nicht geben muss. Denn der Soll-Ist-Vergleich muss nur so verlässlich sein, dass sich die daran Beteiligten auf eine sinnvolle Bildungsmaßnahme bzw. auf ein weiteres Vorgehen einigen können. Was die geplante Bedarfsklärung mit einem angemessenen Aufwand dazu beitragen kann, kann man anhand einer ersten **Bedarfshypothese** einschätzen.

Beispiel für eine Bedarfshypothese:
Zur Notwendigkeit von Auffrischungskursen in Englisch

Von immer mehr Menschen werden immer mehr Englischkenntnisse verlangt (*Soll*), die über das in der Schule gelernte und teilweise inzwischen nur noch verschüttet Vorhandene hinausgehen (*Ist*); dadurch steigen Wünsche und Nachfrage nach Auffrischungsangeboten (*Bildungsbedarf*).

Die potenziellen Teilnehmer erwarten vom Bildungsanbieter eine individuelle Empfehlung im Hinblick auf einen möglichen Einstieg und in der Veranstaltung die Berücksichtigung bisheriger Kenntnisstände sowie Lernberatungen zu deren Revitalisierung (*besonderer Dienstleistungsbedarf*).

Bisherige Praxis: Während der individuelle Ist-Stand in der Regel durch Tests erhoben wird, wonach eine entsprechende Einstufung in einen Kurs erfolgen kann, erscheint die Bestimmung des Solls nur in den Fällen genauer möglich, in denen die Nachfrager schon Verwendungsziele, gewünschte Inhalte oder Übungsformen genauer angeben können. Die Adressaten stellen keine homogene Gruppe dar, weder nach Stand und Voraussetzungen noch nach erwartbarem Lerntempo und auch nicht hinsichtlich der Ziele.

Präzisierungsmöglichkeiten: Erwägenswert erscheint eine überschaubare Untersuchung (Befragung plus Tests) unterschiedlicher Motive, Bedarfe, Leistungsfähigkeiten, um daraus Anhaltspunkte für exemplarische Angebotstypen und deren Erprobung zu gewinnen.

Die meisten Angebotsplaner/innen haben solche Bedarfshypothesen mehr oder weniger „im Kopf". Sie sollten aber ausformuliert werden, auch wenn sie noch so allgemein bleiben wie in diesem Fall, weil damit der eigene Kenntnisstand festgehalten und der verbleibende Klärungsbedarf deutlicher wird.

2.2 Beispiele, Ansätze und Strategien der Bedarfserschließung

Die Existenz eines Bildungsanbieters stellt bereits eine Art Bedarfshypothese im Großen dar. Denn man gründet oder betreibt eine Weiterbildungseinrichtung natürlich nur in der Annahme, dass das, was sie leisten könnte, auch gebraucht wird. Alle denkbaren Maßnahmen zur Bedarfserschließung setzen deshalb voraus, dass der Anbieter weiß, welche Stellung er unter möglichen anderen Anbietern im Arbeitsfeld einnimmt und wie leistungsfähig er selbst ist. Dazu bedarf es regelmäßiger

- Marktbeobachtung und
- Evaluation.

Marktbeobachtung verlangt, dass die für das betreffende Arbeitsfeld zugänglichen Informationsquellen (Fachliteratur, Statistiken, Berichte) regelmäßig genutzt werden. Solche Sekundäranalysen, also die Nutzung vorhandener Quellen, mögen manchmal lästig oder abseits der konkreten Aufgaben erscheinen, verlangen aber letztlich weniger Aufwand als eigene Primäranalysen, etwa durch Befragung von Experten oder Kooperationspartnern.

Leistbar sollte auch die Untersuchung von Programmen und Angeboten anderer vergleichbarer Anbieter sein. Solche Vergleiche bieten sich vor allem an im Hinblick auf:

- unmittelbare Konkurrenten am Ort (Abgrenzung),
- ähnliche Einrichtungen an anderen Orten (Anregung).

Dabei sollte nicht nur, wie üblich, nach vergleichbaren Themen geschaut werden, sondern auch nach anderen Angebotsaspekten: wie z.B. Zielgruppen, Anspruchsniveau, zeitliche und örtliche Verteilung, Veranstaltungsformen, Preisen. Denn häufig wird erst daraus ersichtlich, ob wirklich Konkurrenz gegeben ist oder sich Marktlücken auftun. Wichtig erscheint dabei auch die Frage nach dem Anbieter-Typus: Handelt es sich um einen Spezialisten für das Gebiet oder um einen Allround-Anbieter, ist es eine gewinnorientiert arbeitende Institution oder eine gemeinnützige? Innerhalb solcher Koordinaten hat das jeweilige einzelne Angebot einen anderen Stellenwert und einen unterschiedlichen Vergleichswert für die eigenen Interessen. Eine anspruchsvollere Aufgabe stellt meist die Untersuchung der Fremdeinschätzung und Akzeptanz der eigenen Einrichtung dar. Es gibt zwar auch Beispiele dafür, dass etwa die Mitarbeiter/innen von Weiterbildungseinrichtungen unter Anleitung eines wissenschaftlichen Beraters eine relativ systematische telefonische Befragung der potentiellen Adressaten erfolgreich durchgeführt haben (z.B. Bönig 1995), zumeist wird man sich aber überlegen müssen, ob man selbst diesen Aufwand leisten oder ob man nicht Fremde damit beauftragen kann. Gelegentlich wird man auch Universitäten – z.B. in Form von Diplom- oder Doktorarbeiten – dafür gewinnen können.

Marktbeobachtung (Was tun und können die anderen?) sollte mit **Evaluation** (Was können wir, was ist unser Leistungsstand?) verbunden werden. Letztere kann in Selbstbeobachtung, aber auch durch Fremdbeobachtung und -bewertung vorgenommen werden, ein Verhältnis, das meist auch aus der Qualitätssicherung bekannt ist. Zur Selbstevaluation sagt das nächste Teilkapitel noch einiges, verbunden mit einer konkreten Strategie zur Bedarfs- und Angebotsentwicklung. Es folgen dann Beispiele für drei weitere Bedarfsstrategien.

Diese sollen als exemplarische Anregungen für eigene Lösungsmöglichkeiten dienen. Um diese oder einzelne Handlungsweisen übertragen zu können, sollten allgemeine Grundzüge herausgearbeitet werden. Sie können sich daran beteiligen, indem Sie bei der Lektüre bestimmte Erschließungsstrategien erfassen und verallgemeinern. Fragen Sie sich beispielsweise jeweils:

- Wird eher angebots- oder nachfrageorientiert vorgegangen?
- Wann, wo und wie werden die künftigen Teilnehmer angesprochen?
- Welche Quellen werden für die Bedarfserschließung und Angebotsentwicklung genutzt, und wird das bedarfsgerechte Angebot eigenständig oder in Kooperation entwickelt?

2.2.1 Selbstevaluation und Teilnehmerpartizipation

Wer nicht weiß, was er leistet, wird kaum ermitteln können, wo und wie es bislang unerschlossene Bedarfe zu wecken gibt. Dies gilt vor allem für Weiterbildungseinrichtungen, die ihr Gründungsstadium hinter sich haben. Denn die über längere Zeit realisierten Programme sind der sicherste Indikator für bisher befriedigte Bildungsbedarfe, wenn auch keine Garantie für Zukunftserfolge.

Bei der Neugründung einer Bildungseinrichtung oder der Etablierung eines neuartigen Programmteils kann man Bedarfshypothesen kaum auf Selbstevaluation stützen, sondern muss andere Indizien sammeln aus der Literatur (z.B. den Mitteilungen des Forschungsinstituts der Bundesagentur für Arbeit), aus Fachzeitschriften und Pressemitteilungen, möglichst auch aus eigener Marktbeobachtung (s.o.).

Rückgrat jeder Selbstevaluation ist eine über Jahre einheitlich und sorgfältig geführte **Leistungs- und Beteiligungsstatistik** zum Angebot. Dies gilt in besonderem Maße für relativ große Einrichtungen und für Anbieter, die ein offenes Angebot für viele individuelle Bildungsinteressenten machen.

Dabei sollte man nicht nur an eine Erfolgsstatistik denken, sondern auch an eine der nicht realisierten Angebote. Der so genannte »Realisierungsverlust«, also die Differenz zwischen geplanten und durchgeführten Veranstaltungen oder Unterrichtsstunden, stellt eine wichtige Information für zukünftige Planungen dar. Man kann ablesen, wo etwas beinahe gelungen ist und als entwicklungsfähig gelten kann, kann vor allem alte Fehler vermeiden oder sich kritisch fragen, wieso man am Bedarf vorbei geplant hat. Allerdings reichen einfache Statistiken für solche Schlussfolgerungen meist nicht aus. Allzu schnell werden beispielsweise Realisierungsverluste und Unterbelegungen nur darauf zurückgeführt, dass kein Bedarf für die entsprechende Thematik besteht. Ausfälle können aber ebenso durch ungünstige Veranstaltungsorte und -zeiten, unangemessene Preisgestaltung usw. bewirkt werden. Erst wenn Veranstaltungsstatistiken neben Thema und Teilnehmerzahl zusätzliche Merkmale aufnehmen, wie Veranstaltungsform, Zeit, Ort, Lehrende usw., kann begründeter vermutet werden, worauf Erfolg oder Misserfolg zurückzuführen sind.

Die wichtigsten solcher zusätzlichen Merkmale sind sicherlich differenzierte Informationen über die erreichten Teilnehmer. Angesichts der Bedeutung der Sozialdaten für die Weiterbildungsbeteiligung (vgl. Kap. 2.1) wäre es wünschenswert, wenn gleich bei der Anmeldung Sozialdaten i.w.S. aufgenommen und in eine Teilnahmestatistik übertragen würden: neben Namen/Geschlecht und Anschrift/Wohnlage, der Familienstand, Geburtsdatum/Alter, erreichte Schulabschlüsse, weitere Bildungsdaten, Arbeitssituation und Beruf (Branche/Arbeitsverhältnis, einschl. Hausfrau, Rentnerin, Arbeitslose). Nicht nur der Datenschutz, auch die mögliche Motivation der Bildungsinteressenten sprechen allerdings dagegen, dies als regelmäßige Routine zu tun. In Ergänzung der allgemeinen Statistik oder zur gezielten Evaluation können deshalb Fragebogenaktionen in bestimmten Intervallen sinnvoll sein, die zudem noch Einschätzungen der Teilnehmer abfragen können.

Aber allein schon die Sozialdaten der Teilnehmer – auf die eine oder andere Art erhoben – ergeben einiges im Hinblick auf die Bedarfsfrage. Man weiß, ob man die Zielgruppen erreicht, die man sich vorgestellt hat, in welchem Verhältnis Teilnehmer- und Bevölkerungsstruktur stehen, kann sich fragen, ob man sich auf die Gruppen konzentrieren will, die man offensichtlich erreicht (manifester Bedarf), oder ob umgekehrt auf die, die man außerdem noch erreichen will (Vermutung latenter Bedarfe). Ähnliche Fragen stellen sich im Hinblick auf die Verteilung der Teilnehmerwohnorte u.v.a.

Nie aber sagen statistische Daten aus sich heraus, wie sie zu interpretieren sind und was zu tun wäre. Der Vergleich mit den eigenen Zielsetzungen ermöglicht eine erste Bewertung. Weitere Maßstäbe erhält man durch **kommunikative Evaluationsmethoden**. Wenn Informationen und Meinungen etwa zwischen Anbietern, Lehrkräften und Lernenden ausgetauscht werden, weitet sich der Blick aller Beteiligten, nicht nur für das Gewesene, sondern auch im Hinblick auf Wünschenswertes.

Wir konzentrieren uns nun auf den Aspekt der Partizipation der Teilnehmenden an Evaluation und Planung. Es bietet sich an, entsprechende Gespräche mit Teilnehmenden innerhalb typischer Formen von Bildungsarbeit (Beratung, Veranstaltung) durchzuführen, aber auch gelegentlich besondere Auswertungsrunden oder gar Entwicklungsseminare anzusetzen.

Diese kommunikativen Verfahren können dazu beitragen,

- die *Bedarfsgenauigkeit bisheriger* Angebote auszuwerten (Feinabstimmung zwischen Teilnehmererwartungen und Angebotsgestaltung, Erfolgs- und Zufriedenheitsbilanz der Besucher/innen),
- *weitergehende Bildungsbedürfnisse* zu ermitteln, die durch das vorliegende bzw. durchgeführte Angebot noch nicht befriedigt werden konnten, aber auch
- *die Mitwirkung* der Teilnehmer/innen bei der *künftigen Angebotsentwicklung* zu ermöglichen.

Beispiel:
Die zuletzt genannte Möglichkeit der Mitwirkung von Teilnehmern bei der Planung soll an einem Beispiel aus der Praxis der Bildung mit Älteren erläutert werden. Die professionell Zuständige ist es gewöhnt, latente Bildungswünsche der Adressaten im Rahmen ihrer eigenen Lehrtätigkeit festzuhalten, ihnen auf den Grund zu gehen durch direkte Nachgespräche oder auch durch Auswertungsveranstaltungen mit Teilnehmenden und Lehrenden. Schließlich werden Zukunftswerkstätten durchgeführt, um Denkanstöße im Hinblick auf die weitere Angebotsentwicklung zu bekommen. Diese Wochenendveranstaltungen haben allerdings immer auch ein eigenes, in sich gewichtiges Thema, denn die Teilnehmer sollen nicht nur der Planerin die Arbeit erleichtern: z.B. „Unsere Stadt in 20 Jahren: Ansichten, Konzepte, Eingriffe“ (wie stark ältere Menschen sich auch für eine Zukunft interessieren, die sie vielleicht nicht mehr miterleben, hat sie schon vor längerer Zeit verwundert festgestellt). Viele der Teilnehmer an diesen Werkstätten nehmen später auch an den dort geplanten Veranstaltungen teil, jedenfalls werden sie zu Multiplikatoren bei der Werbung für die neuen Angebote.

Interpretation:

Das Verfahren erscheint zunächst als Abwandlung eines klassischen angebotsorientierten Planungsmusters: Das eigene Programm bzw. sein Erfolg ist Grundlage weiterer Planungen. Entscheidend anders ist aber, dass die bisherigen Teilnehmer nicht nur in die Auswertung, sondern auch in die Neuplanung einbezogen werden. Die Teilnehmer fungieren als „Experten“ in eigener Sache und werden zu Kooperationspartnern bei der Entwicklungsarbeit. Aufgrund ihrer Erfahrungen mit Lehrveranstaltungen haben diese Teilnehmer mehr Phantasien und artikulierbare Bedürfnisse nach weiteren Bildungsangeboten, als dies bei neuen, wenig bildungserfahrenen Interessenten zu erwarten wäre. Selbstverständlich darf man dieses Vorgehen auch nicht überbewerten; denn manche Anregung wird „auf der Strecke bleiben“, weil sie sich als nicht didaktisch umsetzbar oder realisierbar erweist. Auch können Teilnehmer nur über ihre eigenen Bedürfnisse sprechen, nicht über die künftiger Interessenten.

Gemessen an der üblichen Alternative, künftige Teilnehmer überhaupt nicht vor Beginn der Maßnahme zu erreichen, ist das Gespräch mit bisherigen oder potenziellen Teilnehmern allerdings ein Fortschritt bei der Bedarfs- und Angebotsentwicklung. Man muss sich nur dessen bewusst bleiben, dass man dabei mit der Unterstellung arbeitet, dass diejenigen, die man fragen kann, bis zu einem gewissen Grade als repräsentativ oder als Indikatoren für die angestrebte Zielgruppe gelten können. Dies ist keine sichere, aber doch hilfreiche Unterstützung der Entwicklungsarbeit. Im Rahmen der Selbstevaluation angewendet ist ein solches Verfahren zudem relativ unaufwändig. Es kann zugleich als Marketinginstrument für das kommende Angebot fungieren, indem es die bisherigen Teilnehmer animiert, auch an künftigen (selbst vorgeschlagenen) Kursen und Aktivitäten teilzuhaben oder dafür zu werben.

2.2.2 Prüfungsbezogene Projektentwicklung und Probeveranstaltung – Ein Beispiel

Das folgende Beispiel wirkt überschaubar, weil es um die bedarfsgerechte Entwicklung eines einzelnen Lehrgangs geht. Die arbeitsmarkt- und prüfungsbezogene Maßnahme muss sich an „objektiven“ Bedingungen, wie Prüfungsanforderungen und Arbeitsmarktbedarf, orientieren, was Erkundungen bei entsprechenden Instanzen verlangt. Zugleich sollen aber auch die subjektiven Bedürfnisse der Teilnehmenden nicht zu kurz kommen.

Beispiel:

Eine Fremdsprachenlehrerin möchte ihre Fähigkeiten, zu denen auch das Organisieren komplexer Veranstaltungsmodelle gehört, bei der Konstruktion und Realisierung eines umfangreicheren Lehrgangs einsetzen und erweitern. Besonders gern würde sie etwas für das berufliche Fortkommen von Frauen tun. Sie bemüht sich zunächst um mögliche Finanzierungsquellen und erfährt dabei, dass es bei der Landesregierung ein Programm für Berufsrückkehrerinnen gibt, das zur Hälfte aus EU-Mitteln bezahlt wird. Sie ver-

versucht nun, die Förderbedingungen und ihre eigenen Fähigkeiten im Hinblick auf den Entwurf eines Angebots zu nutzen.

Sie informiert sich mit Hilfe von Literatur über Berufsrückkehrerinnen und untersucht brauchbare Ausbildungspläne unterschiedlichster Institute. Dann entwirft sie ein erstes Lehrgangskonzept für die Ausbildung zur „EU-Sprachensekretärin". Aufgrund ihrer Informationen geht sie davon aus, dass Berufsrückkehrerinnen mit einem mittleren Bildungsabschluss Chancen in der Wirtschaft haben könnten, wenn sie einerseits ihre Kenntnisse in Sekretariatskunde auf den neuesten Stand bringen würden, vor allem auch Fähigkeiten, mit dem PC umzugehen, und wenn sie andererseits Spezialkenntnisse in Fremdsprachenkorrespondenz durch anerkannte Prüfungen nachweisen könnten. Nach Rücksprache mit der IHK präzisiert sie ihren Entwurf, in dem sie eine Sekretärinnenprüfung kombiniert mit zwei Fremdsprachen-Korrespondentinnen-Prüfungen (in Englisch und Französisch oder Spanisch). Die Abschlüsse können auch einzeln abgelegt werden, was ihres Erachtens dem geringen Zeitbudget und der Schwierigkeit von Berufsrückkehrerinnen, lange zurückliegende Lernerfahrungen zu aktivieren, entgegenkommen könnte. Dieses vorläufige Lehrgangskonzept stellt also auch so etwas wie eine erweiterte Bedarfshypothese dar, bei der die bisherigen Angebote in diesem Feld, die Möglichkeit von anerkannten IHK-Prüfungen und eine erste Vorstellung von den Bedürfnissen der Adressatinnen die Bedarfskoordinaten darstellen.

Wenn anerkannte Prüfungen abgelegt werden sollen, gehört die Klärung entsprechender Anforderungen an die erste Stelle der Bedarfsermittlung; denn sie muss im wohl verstandenen Interesse der potenziellen Teilnehmenden liegen. Zugleich steigt mit dem Aufwand, den die Teilnehmerinnen auf sich nehmen müssen, auch die Verantwortung des Anbieters dafür, dass die Hoffnung auf Nutzen – hier: eine Wiedereingliederung in das Berufsleben – auch realistisch ist und erfüllt werden kann. Unsere Angebotsentwicklerin lässt sich deshalb von zwei großen Firmen und von der Gleichstellungsstelle für Frauen bestätigen, dass die angestrebten Qualifikationen grundsätzlich gebraucht werden. Nun müssen nur noch mögliche Interessentinnen von der Nützlichkeit (und der Machbarkeit) eines solchen Lehrgangs überzeugt werden. Eine erste Werbungswelle (Zeitungsartikel, Ausschreibung in einer Broschüre, Mitteilung an die Agentur für Arbeit usw.) bringt zunächst nur wenige Interessentinnen zu einem Gespräch zusammen. Die Planerin erfährt dabei aber, dass die Möglichkeit einer Kinderbetreuungsbeihilfe für die meisten Interessentinnen entscheidend sein könnte.

Dies wird bei der weiteren Werbung herausgestellt, auf die hin sich tatsächlich genügend Interessentinnen melden. Bei diesen ist aber die Unsicherheit sehr groß, ob sie nach einer oft sehr langen Berufs- und Lernpause und angesichts ihrer Verpflichtung gegenüber Kindern und Familie denn auf lange Sicht den Anforderungen genügen können. Natürlich haben die Lehrgangsleiterin und ihre Lehrkräfte ein vergleichbares Interesse an der Klärung dieser Frage. Punktuelle Tests im Hinblick auf die Vorkenntnisse scheinen ihnen dazu nicht ausreichend, da diese wenig darüber aussagen, wie schnell verschüttete Kenntnisse aufgeholt oder ob sonstige Belastungen ausgehalten werden können. So wird ein kurzer Orientierungskurs eingerichtet, gleichsam von den Lehrgangsmitteln abgezweigt, der misserfolgsängstlichen Teilnehmerinnen und den Kursleiterinnen mehr Sicherheit gibt. Diese vorgängige Kenntnis der Teilnehmerinnen führt bei Lehrgangs- und Kursleiterinnen zu einer neuen und relativ flexiblen Curriculumplanung für den Hauptlehrgang.

Interpretation:

Insgesamt handelt es sich um eine angebotsorientierte Strategie, die aber durchbrochen wird mit Hilfe eines vorgängigen Probeunterrichts. Die klassische Angebotsstrategie bietet sich deshalb an, weil das Ziel der Prüfungsabschlüsse im vermuteten Interesse der potenziellen Nutzer/innen liegen muss und nicht einfach von diesen abgeändert werden kann. Ob und wie aber dieses Ziel zu erreichen ist, das ist sehr wohl eine Frage, die mit Beteiligung der künftigen Teilnehmerinnen und durch gemeinsame Deutung besser geklärt werden kann. Die Methode des Probeunterrichts ermöglicht es nun, nicht nur Erwartungen und Befürchtungen der Teilnehmenden kennen zu lernen, sondern auch tatsächliche Lernerfordernisse und mit Hilfe dieser Erkenntnisse das eigentliche Angebot bedarfsgerechter und differenzierter zu planen. Quellen der Bedarfs- und Bedürfniserkundung sind in diesem Fall: Literatur (zur Zielgruppe, zu vergleichbaren Programmen und Curricula), die Befragung von Expertinnen und Experten (für Zielgruppe, Marktchancen, Prüfungsmöglichkeiten), letztendlich aber auch die Teilnehmerinnen selbst.

2.2.3 Kooperative Bedarfsfeststellung und Soll-Ist-Vergleich

Dieser Ansatz geht über den vorigen hinaus, indem er die konkreten Bedarfe der künftigen „Kunden“ und Teilnehmer/innen selbst und mit diesen gemeinsam zu ermitteln sucht. Das ist vor allem in Auftragsmaßnahmen möglich, aufgrund der Kooperation mit dem Auftraggeber und aufgrund der Überschaubarkeit und Erreichbarkeit der späteren Lerngruppe. Im Mittelpunkt dieses Kapitels stehen hier Aufträge von Betrieben an externe Weiterbildungsanbieter, obwohl das Handlungsmuster auch für andere Kooperationsbeziehungen gelten könnte (z.B. zwischen Altentagesstätte und Anbieter von Seniorenbildung).

Der Auftraggeber oder Kooperationspartner eröffnet nicht nur den Zugang zu einer reizvollen Aufgabe für den Auftragnehmer, sondern hat Insiderkenntnisse, u.a. von der Problem- und Anforderungslage über die besonders Betroffenen; der Weiterbildungsanbieter dagegen ist Experte und Berater in Sachen Lernen und Lernorganisation. Eine solche komplementäre, aber auch bewegliche Rollenverteilung ist in der Zusammenarbeit zwischen Bildungsanbietern und Betrieben bislang weit weniger üblich als nach der Theorie und den Klagen der Betroffenen nötig.

An Betriebe gerichtete Angebote beschränken sich weithin auf das Einbringen bewährter Lernmodule (Döring 1995, Schrader 2000, Hoffmann 2000, Loebe/Severing 2005). „Maßgeschneidert“ heißt dann meist: Es wird dasjenige Standardangebot aus der Tasche gezogen, das – gemessen am vermuteten Bedarf – am wenigsten unangemessen erscheint. In diesem Punkt war schon in einer früheren Untersuchung des BIBB (Stahl/Stölzl 1994).) die größte Unzufriedenheit auf Seiten der Betriebe zu spüren. Und dies scheint sich wenig geändert zu haben: Standardisierte Weiterbildungskurse – so wird bemängelt – brächten selten ausreichende Passgenauigkeit im Hinblick auf die eigenen Bedarfe, auch fehlten Kombinationen von externen Seminaren und Weiterbildung am Arbeitsplatz.

Umgekehrt müssen sich aber auch die Betriebe fragen lassen, wieweit sie ihren Problemlösungsbedarf Außenstehenden deutlich genug machen und ob sie ein differenzierteres Beratungs- und Lösungsangebot auch honorieren würden. Relativ konservative Standardangebot von externen Weiterbildungsanbietern und die noch relativ geringe Nachfrage der Betriebe nach angemessenеren Bildungsleistungen könnten sich wechselseitig bedingen.

Denn selbst bei der innerbetrieblichen Weiterbildung wird bemängelt, dass der Bildungsbedarf nicht genau genug erfasst wird, sei es, dass er hinter anderen betrieblichen Problemen verborgen bleibt, sei es, dass die Erhebungsformen als unzureichend empfunden werden. Weiterbildung würde noch zu oft kurzfristig und rein reaktiv (im Hinblick auf Störungen in den Abläufen, auf Arbeitsprobleme) eingeplant. Prognostisch und antizipativ gingen – im Zuge von Produkt-, Betriebs- und Organisationsentwicklung – allenfalls Firmen vor, die innovativ geführt werden und ausgerichtet sind (Heyse u.a. 2002, Hoffmann 2000). Bedarfsermittlung werde jedenfalls selten systematisch vorgenommen.

Dies wird z.T. dadurch erklärt, dass der als Standardmethode für die Bedarfsfeststellung empfohlene Soll-Ist-Vergleich (vgl. auch Kap. 2.1) oft schon als zu aufwändig in der Durchführung empfunden wird, zugleich aber auch als unbefriedigend, weil zu statisch (s.o.). Der Soll-Ist-Vergleich enthält im Ergebnis drei Felder:

- die neuen Anforderungsprofile und das Ausmaß, in dem unterschiedliche Zielgruppen davon betroffen sein werden (Soll),
- das bisherige Qualifikationsprofil der Mitarbeitergruppen und einzelnen Mitarbeiter (Ist),
- sowie die Differenz oder die Abweichung der Soll- von der Ist-Größe als maßgeblichem Weiterbildungsbedarf, der in Maßnahmen umzusetzen ist.

Als vorbildhaft gilt in dieser Hinsicht immer noch ein von der Volkswagen AG entwickeltes Erhebungs- und Darstellungsmodell. Zur Veranschaulichung wird ein (gekürztes) **Ergebnisbeispiel** gezeigt (s. Abb. unten).

Dieses Beispiel eines Soll-Ist-Vergleichs stellt bereits eine hoch verdichtete Soll-Ist-Gegenüberstellung für drei Mitarbeitergruppen dar, die allerdings durch vereinfachende Darstellung (Symbole) überschaubar bleibt. In der linken breiten Spalte stehen die im Zuge einer EDV-Einführung benötigten Qualifikationen (Überschrift: „Anforderungsprofil (Soll)“), und zwar so geordnet, dass die übergreifendsten und abstraktesten oben stehen, während die Anforderungen nach unten hin immer schmaler und anwendungsorientierter werden (Diese Liste wurde in der Mitte stark gekürzt, erkennbar an der kursiv gesetzten Bemerkung). Dahinter stehen zunächst drei Mitarbeitergruppen, bei denen durch drei Zeichen (oder durch „Leerzeichen“) angedeutet wird, ob und in welchem Umfang bzw. mit welchem Grad an Selbständigkeit sie über diese Qualifikationen verfügen sollten. Die höheren Qualifikationen oben werden eher von den leitenden Angestellten verlangt, die ausführenden unten eher von den übrigen Kräften.

Diesem Soll oder Anforderungsprofil wird in den hinteren sieben Spalten (Überschrift: „Qualifikat.-Profil (Ist)") der Ist-Zustand oder das vorhandene Qualifikationsprofil der konkreten Mitarbeiter eines Sachgebiets gegenüber gestellt: deren vorhandene Fähigkeiten werden ebenfalls nach drei Graden bewertet. Die Angaben M (mittelmäßig ausgeprägt) und N (nicht vorhanden) weisen auf Qualifikationsbedarf für die betreffenden Kräfte hin.

Um das eigene Verständnis des Beispiels zu überprüfen, könnten Sie versuchen, den Weiterbildungsbedarf für ein bestimmtes Sollziel in eigene Worte zu fassen, z.B. die Zeile „Die Funktion und Arbeitsweise ..."

Beispiel: Ermittlung des Weiterbildungsbedarfs bei Einführung von EDV-Systemen im Verwaltungsbereich durch Soll-Ist-Vergleich

Zielgruppen / Anforderungsprofil (Soll)	Sachgebietsleiter	Sachbearbeiter	Sekr./Büroassistent		Qualifikat.-Profil (Ist): Sachgebietsleiter	Sachbearbeiter			Sekr./ Büroassistent		
					A	A	B	C	A	B	C
Die anwendungsspezifischen Einsatzfelder von DV-Systemen kennen und abwägen können	Δ				V						
Die Grundbegriffe, Komponenten und Funktionen von DV-Systemen kennen; die Leistungsfähigkeit der Systeme beurteilen zu können	Δ	Δ			V	M					
↓ *Weitere Qualifikationen in Rangfolge*											
Die Funktion und Arbeitsweise sowie die funktionelle Abhängigkeit der eingesetzten Anwendersoftware-Produkte kennen	Δ	O	O		V	M			M	N	
Eigene aufgabenspezifische Anwendungen erstellen, installieren und zum Ablauf bringen können		O	□			M			M	N	
In der Lage sein, betriebsspezifische Daten einzubringen		O	□			V			M	N	

Zeichenerklärung:

Δ Qualifizierte Kenntnisse im Arbeitsbereich, ggf. einschließlich grundlegende Handhabung
O Selbständige Handhabung am Arbeitsplatz bzw. anwendungsbezogene Grundlagenkenntnisse
□ Umgang nach Anweisung bzw. Einblick nach Erläuterung
V Erforderliche Kenntnisse vorhanden
M mittelmäßig ausgeprägt] **Qualifizierungsbedarf**
N nicht vorhanden

Abbildung 2.5:
Ermittlung des Weiterbildungsbedarfs, nach: Bundesvereinigung der Deutschen Arbeitgeberverbände 1988, S. 114

Die interessante methodische Frage ist natürlich die, wie solche Ergebnisse erhoben werden, also zustande kommen. Das Anforderungsprofil kann hier aufgrund einer Analyse der Technikerfordernisse und der Zuständigkeiten durch die Arbeitsorganisation „gesetzt“ werden. In anderen Fällen könnte es zustande kommen: aufgrund von Anforderungskatalogen der Vorgesetzten, durch Befragung aller Beteiligten zu veränderten Anforderungen oder – zukunftsorientierter – mit Hilfe von Moderations- und Szenariotechniken.

Das Ist-Profil wird oft der Aktenlage entnommen (Einverständnis der Betroffenen oder der Arbeitnehmervertreter wichtig), es könnte aber auch aufgrund von Arbeitsbeobachtung, Tests, Einschätzung von Vorgesetzten und Selbsteinschätzung der Betroffenen usw. erhoben werden. Dabei können „subjektive“ Einschätzungen und objektivierende Methoden sinnvoll miteinander verbunden werden.

Interpretation:

Wie genau verfährt dieser Soll-Ist-Vergleich eigentlich (vgl. Kap. 2.1.4)?

Er ist relativ präzise bei der Beschreibung und Abstufung der Anforderungen, ohne exakte Maßstäbe für die Zielerreichung vorzugeben; der Grad der Anforderungen und vorhandenen Qualifikationen bei den Mitarbeitern wird allerdings durch die Dreier-Stufung eher grob festgehalten. Für die Praxis der Erhebung wie der Planung von Fortbildungsmaßnahmen erscheint dieser Zugriff jedoch gut handhabbar. Man kann sich vorstellen, dass bereits dieses holzschnittartige Verfahren (geschweige denn verfeinerte Methoden) im Betriebsalltag als zu aufwändig empfunden werden kann. Oft zieht man sich deshalb auf knappe mündliche Ad-Hoc-Einschätzungen zurück (Grüner 2000).

Eine darüber hinausgehende Kritik am Soll-Ist-Abgleich hat Staudt schon 1990 geäußert: Dieses Instrument wirke zu statisch. Das »reaktive« Schema könne eigentlich nur erfassen, was heute fehlt, aber morgen schon veraltet ist. Insofern ist das Ausweichen auf das intuitive Urteil der Praktiker wahrscheinlich sogar vernünftig, weil flexibel handhabbar. Nach Staudt ist es aber notwendig, in die Prognosen dynamische Komponenten einzubauen, zum Beispiel mehr Veränderungselemente einzubeziehen. Vor allem muss auf der Ausführungsebene eine dezentrale Selbstregulation (z.B. durch Beteiligung der Betroffenen) oder Nachregulierung (auch innerhalb der Weiterbildungsmaßnahme) ermöglicht werden.

Dieses Beispiel eines Soll-Ist-Vergleichs ist sicher besonders geeignet, kurzfristigen und gut beschreibbaren technischen Erfordernissen gerecht zu werden. Komplexere oder „weichere“ Zukunftsperspektiven sind damit kaum zu erfassen. Insofern erscheint die Kritik Staudts verständlich. Andererseits verlangt seine Kritik in letzter Konsequenz so komplexe Methoden, dass die meisten Betriebe damit wohl kaum zurecht kämen. Deshalb sollte man wohl am Soll-Ist-Vergleich als Kern der Bedarfsklärung im Betrieb festhalten. Man könnte sich Abwandlungen vorstellen, bei denen der Soll- und der Ist-Aspekt nicht so schematisch dargestellt, sondern freier beschrieben werden, z.B. als wünschenswerte

Zukunftstendenzen und Kompetenzen. Auch könnte man zwischen mittelfristigen Zielen und weiterführenden Perspektiven unterscheiden. Der Soll-Ist-Vergleich selbst muss nur so genau sein, dass nächste Weiterbildungsmaßnahmen darauf aufbauen können.

Zu Aufgaben externer Bildungsanbieter:
Bisher wurden in diesem Teilkapitel relativ breit, wenn auch immer noch verkürzt, Probleme von Betrieben mit der Analyse von (Bildungs-) Bedarf dargestellt. Was wären angesichts solcher Befunde die Aufgaben externer Bildungsanbieter?

Sicher wird man nicht erwarten können, dass diese alle genannten Probleme für die Betriebe lösen. Das Mindeste, was sie über die Durchführung von Bildungsmaßnahmen hinaus tun sollten, ist sicherlich, sich eingehender nach den Problemlagen zu erkundigen, die der Nachfrage vorausgehen. Vielfach wird aber die Aufgabe externer Weiterbildungsanbieter in Zukunft – und einige Anbieter praktizieren dies schon länger – in umfassenderer Bildungsberatung gesehen (Hoffmann 2000, Marchl/Stark 1999). Dazu gehörte in jedem Fall eine Beteiligung an der Klärung und Formulierung des Problemlösungs- und Bildungsbedarfs. Bildungsbedarfserkundung im engeren Sinne müsste dabei den bildungsrelevanten Kern der Betriebsprobleme freilegen.

Das folgende Schema zeigt das Vorgehen eines Bildungsanbieters, der sich auf die Angebotsbereiche Personalauswahl, Kommunikation, Organisationsentwicklung spezialisiert hat (nach Jechle 1994) und eine kooperative Strategie verfolgt.

Schema einer kooperativen Bedarfs- und Angebotsentwicklung	
1. Phase:	Aufstellen von Bedarfshypothesen und entsprechenden (vorhandenen) Rahmenprogrammen bzw. einzelnen Lernmodulen
2. Phase:	Marketing: Kundenkontakte, bei denen den Betrieben gegebenenfalls auch Suchschemata und Indikatoren für ihre Bedarfe vermittelt werden
3. Phase:	Bedarfsermittlung i. e. S.: im Betrieb, mit Leitung und späteren Teilnehmern; oft Beratung nötig, da der eigene Weiterbildungsbedarf nicht genügend bekannt ist
4. Phase:	Angebotsdurchführung unter Modifikation/Abwandlung der Rahmenprogramme und Standardangebote
5. Phase:	Auswertung; Ermittlung von Anschlussbedarfen (die häufig erst durch die Fortbildung bewusst werden)

Abbildung 2.6:
Schema einer kooperativen Bedarfs- und Angebotsentwicklung.

Das **Beispiel** zeigt, dass eine stärkere „Kundenorientierung" nicht bedeuten kann und muss, dass der Anbieter auf seine bisherigen Vorarbeiten und sein Leistungspotenzial verzichtet und sich gleichsam einer Schwimmübung in einem unbekannten Gewässer aussetzt. Sondern der Anbieter hat schon aufgrund seiner bisherigen Erfahrungen Schemata der Bedarfserkundung und Standardangebote, die aber in enger Zusammenarbeit mit dem Kunden und seinen Mitarbeitern konkretisiert und abgewandelt werden. Bedarfsgerechte Angebotsplanung findet in Stufen oder im Wechselschritt statt. Hier wird ernst gemacht mit dem Postulat, dass eine Dienstleistung nur gelingen kann, wenn der Kunde (und der Teilnehmer) als aktiver externer Faktor in den Erstellungsprozess einbezogen wird.

Inzwischen gibt es weitergehende Empfehlungen für die Zusammenarbeit bzw. die Aufgaben des Bildungsanbieters dabei. So hat das Bundesinstitut für Berufsbildung/BIBB mehrfach empfohlen (z.B. Marchl/Stark 1999), dass Klein- und Mittelbetriebe, Bedarfsanalysen beim „Bildungsträger" in Auftrag geben sollten. Dabei müsse der Betrieb aber darauf achten, dass die Ziele und konkreten Bedingungen des jeweiligen Unternehmens einbezogen, dass Soll- und Ist-Stand mit nachvollziehbaren Methoden erhoben und Vorgehen wie Folgerungen mit dem Unternehmen abgesprochen werden.

Im Hinblick auf die Kooperation, insbesondere mit Klein- und Mittelbetrieben, empfehlen mehrere Autoren nach entsprechenden Untersuchungen (besonders Iller/Sixt 2004): Weiterbildungsanbieter sollten sich – wohl branchenspezifisch – zu vertrauensvollen **Partnern für alle Fragen der Unternehmensstrategie** fortentwickeln (z.B. Personalentwicklung, Managementkonzepte, Informationen über neue Gesetze, Produkte). Diese Empfehlung berücksichtigt ebenso die Schwierigkeiten gerade kleinerer Betriebe mit solchen übergreifenden Fragen wie das beiderseitige Gefühl des Ungenügens gegenüber nur punktuellen Kooperationen. Um eine solche Partner-Rolle spielen zu können, müssten Bildungsanbieter ihre Kompetenzen und ihr Dienstleistungsspektrum ausbauen, sie könnten sich aber auch speziellere Kompetenzen (z.B. technische, juristische, betriebswirtschaftliche) durch weitere Kooperationen oder Verbünde mit anderen Dienstleistern sichern. Eine solche dauerhaftere partnerschaftliche Zusammenarbeit kann auch als erweiterte Form eines *Beziehungsmarketings* verstanden werden (vgl. Kap. 1.4). Wieweit Firmen bereit wären, solche besonderen Leistungen auch entsprechend zu vergüten, ist zur Zeit aber noch nicht allgemeingültig zu beantworten. (Zum „Lernen mit dem Kunden" siehe auch Loebe/Severing 2005)

2.2.4 Innovative Zielgruppenentwicklung im Feld

Der Begriff der Zielgruppe wird im Marketing wie in der Erwachsenenpädagogik verwendet. Die Erwachsenenbildung hat dazu pädagogische Vorstellungen und Traditionen ausgebildet, die den Marktaspekt ergänzen. „Zielgruppe" kann danach bedeuten:

- eine Gruppe, auf die sich die Strategie der Marktsegmentierung ausrichtet, um sie als Kunden zu gewinnen und die eng oder weiter definiert sein kann (*Marketing-Aspekt*);
- eine Gruppe, um die sich der Weiterbildungsanbieter besonders bemüht, weil sie bisher wenig an Weiterbildung teilnimmt (*bildungspolitischer Aspekt*);
- eine Gruppe, die vergleichbare Voraussetzungen und Lernziele hat, so dass daraus, lernpsychologisch gesehen, homogene Teilnahmegruppen gebildet werden können; die Homogenisierung kann stärker unter fachlichem Aspekt (Eng-

lisch für Anfänger, oder unter dem Aspekt der gemeinsamen Lebenslage geschehen (Gesprächskreis für Ältere) (erwachsenenpädagogischer Aspekt).

Letztlich will jede Angebotspolitik Zielgruppen in der einen oder anderen Art definieren, ansprechen und – möglichst dauerhaft – gewinnen. Auch in den Beispielen dieses Kapitels ging es sehr häufig um Zielgruppen, wie Ältere, Berufsrückkehrer/innen, Mitarbeiter/innen eines Betriebes. Schwierigkeiten der Zielgruppenentwicklung bereiten in der Regel die *Definition* der Zielgruppe und natürlich ihr *Erreichen*. Zielgruppen können in der Weiterbildung aber nicht einfach durch ihre soziale oder biographische Lage definiert werden (Arbeiter, Ältere), sondern müssen auch durch einen Bildungsbedarf gekennzeichnet werden (Analphabeten), wenn ihre Ansprache nichts ins Leere laufen soll.

Besonders schwierig wird die Zielgruppenentwicklung immer dann, wenn die Gruppe schwer erreichbar erscheint, wenn der Bildungs- und Themenbedarf nicht im Entferntesten bekannt ist und wenn die Arbeit mit solch einer Gruppe eine Neuerung darstellt. Dann ist *aufsuchende Bildungsarbeit* im Feld gefragt, bei der im Zuge des Auffindens der Gruppe auch zugleich die sie betreffenden Themen generiert werden. Das ist bei dem folgenden Beispiel der Fall, das wie die meisten dieses Kapitels aus eigenen Interviews hervorgegangen ist.

Beispiel:

Es handelt sich um einen Auftrag der öffentlichen Hand, Bildungsangebote für Spätaussiedler außerhalb der üblichen Deutschkurse zu machen. D.h., dahinter steht eine unausgesprochene Hypothese, dass diese Gruppe mehr oder weniger drängende, aber nicht genau bekannte Bildungsbedürfnisse haben muss, deren Erfüllung zu ihrer besseren gesellschaftlichen Integration beiträgt. Es geht also um eine bildungs- und sozialpolitische Zielgruppendefinition von Seiten eines öffentlichen Nachfragers, und die Aufgabe des Bildungsanbieters besteht darin, die privaten Nachfrager mitsamt ihren inhaltlichen Bildungsbedürfnissen zu finden und zu gewinnen.

Die beiden Pädagoginnen, die den Auftrag ausführen sollen, versuchen gar nicht erst, ein Pilotangebot zu formulieren und zu bewerben, sondern entwickeln – analog zu ihren Erfahrungen mit Ausländer/innen – eine *Bedarfshypothese* und erste Ideen. Sie unterstellen dabei, dass auch die Aussiedler die Erfahrung eines kulturellen Bruchs zwischen Herkunftsland und neuem Heimatland machen. Dieser Bruch kann Bildungsbedürfnisse wecken. Und im Falle der Aussiedler mag er besonders schmerzlich sein, weil sie ihn, da sie sich als Deutsche betrachten, nicht erwartet haben. Als nächstes fragen sich die Pädagoginnen und Pädagogen, an welchem *Ort* sie mit Aussiedler/innen in Kontakt kommen können. Sie suchen die Übergangswohnheime in ihrer Stadt auf und entschließen sich dann auch bald, ihre Arbeit auf die Menschen zu konzentrieren, die hier leben, die Kluft zwischen alt und neu schon empfinden, aber noch nicht genug Zeit hatten, die neue Heimat wirklich kennen zu lernen.

In den ersten Gesprächen zeigt sich tatsächlich, dass es praktische Umstellungsprobleme gibt, die die Leute interessieren und die mit den erlebten Unterschieden in

Gesellschaftsform, Wertvorstellungen und Regeln zu tun haben. Frauen aus Polen erwarten z.B. selbstverständlich, dass ihre Kinder in den Kindergarten kommen können, während in Deutschland oft und immer noch eine Versorgung durch die nicht berufstätige Mutter erwartet wird. Konkurrenz in der Schule ist den Eltern kaum bekannt. Und wenn man einen Anrechtsschein für eine bestimmte Wohnungsgröße bekommt, darf man dann auch eine etwas kleinere Wohnung annehmen?

Neben diesen Erstkontakten mit der Zielgruppe, die mehr oder weniger sprachlich flüssig verlaufen, die aber eifrig von den Pädagoginnen und Pädagogen in ihrem Recherche-Tagebuch festgehalten werden, gibt es Expertengespräche mit Leitern und Sozialarbeitern der Wohnheime. Zur zentralen Kontaktfigur wird ein Mitarbeiter aus der Sozialbehörde, der für die Verteilung der Aussiedler auf die Wohnheime zuständig ist, persönlich diese Form des staatlichen Handelns für völlig unzureichend hält und deshalb Interesse gewinnt an dem in Umrissen erkennbaren Bildungsangebot. Er selbst wirbt schließlich dafür, stellt auch Gruppen zusammen für bestimmte Themen, da die Adressaten gern als Familie oder Wohngemeinschaft zusammen teilnehmen wollen. Er wird also zum Kooperationspartner.

Andere Gesprächspartner sind mehr oder weniger auskunftsfähig, ihre Auskünfte müssen selbständig interpretiert werden, bevor sie für Angebotsentwicklungenweiter verwendet und in didaktische Konzepte übersetzt werden können. So teilen Erzieherinnen den Pädagoginnen mit, dass die Kinder immer nur Fertignahrung dabei hätten und ihres Erachtens völlig falsch ernährt würden. Da seien doch einmal deutliche Worte an die Mütter nötig. Ein Hausmeister ärgert sich darüber, dass die getrennte Müllsammlung überhaupt nicht funktioniert. Aus diesen gewiss von einseitigen Interessen diktierten Mitteilungen entstehen aber – nach vorsichtiger Rücksprache bei den betroffenen Familien – tatsächlich Bildungsangebote: von „Die neue deutsche Küche" über „Spaß am Essen – auch bei wenig Zeit und schmalem Geldbeutel" bis hin zu Exkursionen zu Recyclinghöfen und zu Betrieben, in deren Arbeit der ökologische Aspekt schon eine besondere Beachtung erfährt.

Durch das enger werdende Kontaktnetz stoßen die Pädagoginnen schließlich auch auf sehr auskunftsfähige Expertinnen, die selbst aus Osteuropa stammen, schon länger in Deutschland leben, bestimmte Übergangsprobleme genauer kennen, z.T. sogar als Lehrkräfte zur Verfügung stehen. So findet sich eine Psychologin aus Russland, die ein Seminar über unterschiedliche Erziehungsstile und -anforderungen in den beiden Kulturen macht. Mit Unterstützung des Vereins „Solidarische Hilfe" wird eine polnische Rechtsanwältin gefunden, die Informationsseminare zum Kreditwesen und zu den Gefahren des Schuldenmachens veranstaltet. Man findet schließlich eine Stelle, über die man Aussiedler erreichen kann, die nicht mehr in Wohnheimen leben und denen man Veranstaltungen anbietet, die sie meist erst zu diesem Zeitpunkt betreffen: etwa der Umgang mit dem Problem der Arbeitslosigkeit oder dem des Allein-Erziehen-Müssens. Dabei warten die Pädagoginnen mit ihren Bildungsangeboten und deren Realisierung keineswegs, bis sie alle denkbaren Recherchen durchgeführt haben, sondern immer, wenn sie den Eindruck haben, eine bestimmte bedürfnisgerechte Veranstaltung konzipieren und organisieren zu können, bieten sie diese sogleich an. Geworben wird auch über Presseartikel, aber durch die Arbeit ihrer Multiplikatorinnen und Multiplikatoren (Betroffene und Experten) sind offensichtlich mehr Adressaten zu erreichen. Ehemalige Teilnehmer/innen machen selbst Werbung für diese Art von Unterstützung und so entwickelt sich das Programmangebot nach einem „Schneeballsystem".

Interpretation:

Das Vorgehen der Pädagoginnen ist nachfrageorientiert, besser würde man vielleicht sagen: nachfragegenerierend. Sie suchen die potenziellen Teilnehmer/innen auf, fragen zugleich nach Problemlagen und Bildungsbedürfnissen und spiegeln diese in Form von Bildungsangeboten zurück. Dabei kann diese Art von Zielgruppenentwicklung im Feld auf Außenstehende tastend und planlos wirken. Die Pädagoginnen selbst nennen ihr Vorgehen zunächst „ein Schwimmen in einem unbekannten Wasser", das aber immer vertrauter wird; später sprechen sie eher vom „Knüpfen eines Netzes", das immer dichter wird. Bei näherem Hinsehen lassen sich aber **einige Knotenpunkte** in diesem Netz feststellen, die durchaus übertragbare Anhaltspunkte auch für andere Formen der Zielgruppenarbeit liefern.

Zugute kommt den Planenden natürlich die an einem Ort konzentrierte Ansiedlung eines Großteils der Zielgruppe, ihre konkrete *Erreichbarkeit*. Die Planer/innen begeben sich anfangs in dieses Feld, um vor allem von den Aussiedler/innen selbst etwas über deren Befindlichkeit und Problemlage zu erfahren. *Zielgruppenmitglieder* werden aber *in immer mehr Rollen* angesprochen: als (Bedarfs-) Expertin in eigener Sache, als potenzielle Teilnehmer und schließlich auch als Werbeträger. Sie finden aber zu ihrer Überraschung zahlreiche andere *Kontaktpersonen oder Kooperationspartner*, die für ihre Recherche ebenso mehrere Funktionen auf einmal übernehmen können: Als Experten für Einzelprobleme, als Kooperationspartner beim Erreichen der Zielgruppe und bei der Organisation des Angebots, als Werbeträger und einige sogar als Mitarbeiter/innen. Diese Kooperationspartner haben natürlich auch ihre eigenen Interessen, die berücksichtigt und für die Umsetzung interpretiert werden müssen.

Das heißt für die Arbeitsabläufe: Die beiden Projektverantwortlichen müssen – in nicht zu aufwändiger Form – ihre *Recherche dokumentieren*: die Phasen, die sie durchlaufen, die Rolle der jeweiligen Gesprächspartner und deren Auskünfte. Sie lernen dabei, zunehmend besser zu unterscheiden zwischen Informationen und Interessen der Partner und den eigenen Anteilen und Aufgaben bei der Angebotsentwicklung. Erfahrene Probleme müssen *als Bildungsaufgaben definiert* werden, die wiederum in eine attraktive Angebotsform gefasst und zurückgespiegelt werden müssen. D.h., Bedarfsklärung, Angebotsentwicklung und -organisation bleiben letztlich in der Verantwortung der Pädagoginnen und vollziehen sich in Wechselschritten. Man könnte auch sagen, das uno-actu-Prinzip von Dienstleistungen (die gleichzeitige und gemeinsame Erstellung und Aneignung, s. Kap. 1.1) herrscht nicht erst in den Lehrveranstaltungen, sondern dehnt sich auf die Phasen der Bedarfsklärung und des Marketing aus.

Aufgabe zu Kapitel 2.2:

- Vergleichen Sie nun die vier Beispiele miteinander, indem Sie die unterschiedlichen „Lösungen“ (vgl. Fragen vor 2.2.1) nebeneinander stellen:

Beispiel **Aspekt**	**„Selbst-evaluation“**	**„Projektent-wicklung“**	**„kooperative Bedarfs-Erschließung“**	**„Zielgruppen-entwicklung“**
Angebots- oder Nachfragestrategie				
Teilnehmer: Zeitpunkt, Ort, Art				
Quellen und Auskunftspartner				

- Für welche anderen Erschließungsaufgaben – z.B. aus Ihrem jetzigen oder denkbaren Wirkungskreis – könnten Sie Anregungen aus dem einen oder anderen Beispiel beziehen?

2.3 Die Entscheidung für ein Vorgehen und seine methodische Absicherung

In diesem Kapitel „Bedarfserschließung“ wurde zunächst etwas zur Eigenart des Bildungsbedarfs gesagt, sodann wurden vier Beispiele vorgestellt, die unterscheidbaren Strategien der Bedarfsklärung folgen. Zwar wurden keine Empfehlungen abgegeben, die alle Fälle von Bedarfsermittlung regeln können, aber es ließen sich doch einige verallgemeinerbare Kriterien für die Festlegung eines Vorgehens und für seine methodische Verlässlichkeit erkennen. Von beidem handelt dieses Teilkapitel. Zunächst wird eine „Checkliste zur Entscheidung über das Vorgehen bei der Bedarfsklärung“ (s. Abb.) vorgestellt und erläutert.

Erläuterungen zu den drei Teilen der Checkliste:
1. Im ersten Teil soll man sich die Art der Aufgabe und die mögliche Zielgenauigkeit der Bedarfsklärung verdeutlichen. Dazu ist in Kap. 2.1 einiges gesagt worden. Bei der Art des Bedarfs wurde grob zwischen Defizitausgleich („rückwärts gewandt“: deutliche Mängel im Ist-Stand), Potenzialentwicklung („vorwärts gewandte“ Kompetenzerweiterung) und Projektion künftiger Anforderungen unterschieden. Die mögliche Genauigkeit des Soll-Ist-Vergleichs wurde in eine abfallende Rangfolge gebracht: operationalisierbar (genau messbar), gut benennbar oder nur tendenziell beschreibbar. Genau „messbar“ erscheint der Bedarf nur, wenn beide Seiten des Soll-Ist-Abgleichs auch messbar sind und wenn man die Zahl der betroffenen Personen, die Bedarfsfälle, kennt. In der letzten Frage wird zwischen einem ersten Angebot, das später zu verbessern wäre, und einem guten Angebot unterschieden, um von vornherein unterschiedliche Aufwände zu berücksichtigen (s.u.).

Checkliste zur Entscheidung über das Vorgehen bei der Bedarfsklärung

1. Aufgabenanalyse:

- Welche Annahme zum Bedarf haben wir, was wissen wir schon? *Bedarfshypothese versuchen (Kap. 2.1)*
- Welcher Art ist der Bedarf (z.B. Defizitausgleich, Potenzialentwicklung, Zukunftsprojektion), und wie genau werden Soll- und Ist-Aspekt jeweils zu ermitteln sein (z.B. messbar, gut benennbar, nur tendenziell beschreibbar)? *(Kap. 2.1)*
- Was müssten wir – grob überschlagen – von wem noch wissen, um ein erstes Angebot oder sogar ein gutes Angebot zu machen?

2. Vorgehensmöglichkeiten:

- Welche Quellen, Instanzen, Personen (auch Teilnehmer) können Auskunft geben, welche müssen einbezogen werden? Sind sie erreichbar, wann und wo?
- Welche Erhebungsmöglichkeiten und Methoden sind denkbar? Haben wir das Potenzial zu ihrer Durchführung?
- Gibt es Alternativen (z.B. Angebots- statt Nachfrageorientierung)?

3. Aufwand-Ertrags-Abwägung

- Steht der Aufwand in einem angemessenen Verhältnis zum – materiellen oder immateriellen – Ertrag?
- Welcher Verlust würde durch ein weniger aufwändiges Verfahren oder durch Verzicht auf das Vorhaben entstehen?

2. Im zweiten Teil macht man sich die Vorgehensmöglichkeiten klar. Man fragt sich z.B., von wem und woraus man Informationen bezieht, welche Zugänge man dazu findet und mit welchen Methoden (z.B. Analyse von Dokumenten, Befragung, Test, Moderation) man arbeiten kann. Zugleich sollte man auch Alternativen im Blick behalten.

3. Bei der Entscheidung für ein Vorgehen bzw. einen Methodenmix im dritten Teil geht es im wesentlichen um die Einschätzung, ob denn der Aufwand, den die angedachten Möglichkeiten verursachen, in einem angemessenen Verhältnis zum Ertrag steht bzw. ob mit einem geringeren Aufwand auch noch ein ansprechender Ertrag zu erzielen wäre (s. letzte Frage). Der Ertrag besteht nicht nur im materiellen Gewinn, sondern hängt natürlich auch von der Bedeutung des Vorhabens für die Einrichtung ab bzw. von den erschließbaren Entwicklungsmöglichkeiten. Zur Einschätzung des Aufwands, den Vorgehensweisen verursachen, kann man die Faustformel benutzen „Vom Nahen zum Fernen“:

Der Aufwand wird umso niedriger sein, je mehr man vom eigenen Schreibtisch aus oder in der eigenen Einrichtung erledigen kann, und um so höher, je weiter man sich ins Feld hineinbegeben muss und umso unbekannter dieses ist.

Die Reihenfolge der Beispiele in Kap. 2.2 ist übrigens nach dieser Faustformel angeordnet, der durchschnittliche methodische Aufwand steigt also von Beispiel zu Beispiel. Man frage sich deshalb:

- Was kann ich aus bereits vorliegenden Quellen oder auch durch kurze telefonische Anfragen ermitteln? *(Sekundäranalysen)*
- In welchen Fällen muss ich tatsächlich selbst recherchieren, innerhalb der eigenen Einrichtung, in einem umgrenzten Feld (z.B. in einem Unternehmen) oder in einem offenen? *(Primäranalysen)*

Ein Probeangebot kann gegebenenfalls weniger aufwändig sein, als es umfangreiche Primäranalysen oft sind.

Hat man sich für ein Vorgehen mit einem bestimmten Aufwand entschieden, dann bleibt immer noch die Frage, wie genau und aufwändig man im Einzelnen arbeiten muss. Handelt es sich dabei nicht um eine Art wissenschaftlicher Untersuchung mit kaum erfüllbaren Anforderungen an Exaktheit und methodische Verlässlichkeit?

Weiterbildungsmitarbeiter, die ihre Teilnehmer befragen oder Erkundungen »im Feld« betreiben, arbeiten primär nicht als Wissenschaftler, sondern als »soziale Akteure«, die ein praktisches Interesse verfolgen. Sie erwarten von ihren Erkundungen auch einen anderen Typ von Ergebnissen: Es kann nicht um mehr oder weniger allgemeingültige Erkenntnis gehen, sondern es muss ein konkretes Gelingen angezielt werden, in diesem Fall die Realisierung eines bedarfsgerechten Bildungsangebots. Dazu dürfen Methoden und Instrumente knapper und erfolgsorientierter angelegt sein. Strengere Untersuchungsformen und interaktiv-pädagogische Methoden können sich dabei durchaus mischen. Das kann die Bedarfsermittlung farbiger und vielseitiger machen, darf allerdings nicht die klare Sicht auf die wirklichen Verhältnisse trüben.

Deshalb empfiehlt es sich, auch bei „alltäglichen Recherchen" methodisch vorzugehen.

Im Hinblick auf ein methodisches Vorgehen ist es hilfreich,

1. sich einen Leitfaden zu machen und die eigenen Leitfragen festzuhalten,
2. eine Bedarfshypothese zu formulieren und diese bei längeren Recherchen in Form eines Zwischenergebnisses zu überprüfen und zu verändern,
3. Methoden bzw. Instrumente möglichst effektiv und gezielt einzusetzen,
4. Auskunftswilligkeit und -fähigkeit von Adressaten und Partnern dabei realistisch einzuschätzen
5. und Informationen, Auskünfte und andere Ergebnisse so verlässlich aufzuzeichnen, dass man selbst damit weiterarbeiten kann.

Der **Leitfaden** (Punkt 1) wird umso wichtiger, je aufwändiger die Recherche erscheint und umso vielfältiger Quellen, Gesprächspartner und mögliche Ergebnisse sind. Er hilft dann, sich der eigenen Zielrichtung zu vergewissern, Ergiebigkeit und Vollständigkeit von Einzelinformationen zu bewerten und einzuordnen.

Ein Leitfaden kann u.a. in Form von Fragen angelegt sein, die vom Allgemeinen zum Besonderen führen.

Dass **Methoden** (Punkt 3) gezielt eingesetzt werden müssen, ist zunächst eine Binsenweisheit. An dieser Stelle kann kein vollständiges Methodenrepertoire vorgestellt werden. Anregungen kann man ebenso in sozialwissenschaftlicher Methodenliteratur, aber auch in Handbüchern zu pädagogisch-didaktischen Methoden, etwa zur Moderation holen. Vielleicht hilft es schon weiter, wenn man sich klarmacht, welche Typen von Methoden in diesem Kapitel schon angesprochen worden sind.

Genannt wurden neben *Bedarfshypothese* und *Soll-Ist-Vergleich* als Kernaufgaben:

- die Analyse *schriftlich* vorliegender Informationen (z.B. Akten, Texte, Statistiken)
- *Befragungsmethoden* als „subjektive" Zugänge
- *Beobachtungen* und *Tests* als „objektivierende" Zugänge
- *„prognostische"* Methoden (z.B. Szenario, Zukunftswerkstatt, partizipative Planung, Beratung)

Zukunftsvorstellungen etwa zu künftigen Anforderungen, werden oft mit Hilfe von Methoden erschlossen, die aus der Didaktik und der Moderation bekannt sind (für die Feinabstimmung von Erwartungen und Leistungen im Seminar gilt das ohnehin).

Im Übrigen geht es um Methoden, die aus dem Repertoire sozialwissenschaftlicher Forschungsmethoden stammen und in Grundzügen mehr oder weniger bekannt sind. Meist verlangen Beobachtungen (z.B. von Arbeitsplätzen) oder Tests (z.B. vom Lernstand) besondere Fachkenntnisse. Am häufigsten werden in Bedarfsrecherchen **Befragungsmethoden** eingesetzt, zu denen sich auch am ehesten Verallgemeinerbares sagen lässt. Hier soll deshalb noch der Frage nachgegangen werden, ob man vorzugsweise Einzelgespräche, Gruppengespräche oder schriftliche Befragungen einsetzen soll.

Das **Einzelinterview** oder -gespräch wird z.B. benutzt als Anfrage bei Institutionen und Instanzen, als Expertengespräch, zur Selbsteinschätzung von Mitarbeitenden in Unternehmen, als Erwartungs- oder Beratungsgespräch bei (potenziellen) Teilnehmern u.v.a. Das persönliche Gespräch lässt sich häufig am schnellsten durchführen, erfordert allerdings einen hohen Aufwand, wenn man es mit einer Vielzahl möglicher Gesprächspartner zu tun hat. Es ist immer dann besonders lohnenswert, wenn man es mit einem auskunftsfähigen Experten (s.u.) zu tun hat (das kann auch ein „Experte in eigener Sache" sein, wie ein Mitarbeiter, der sich zu seinem Arbeitsplatz oder seinem Bildungsbedarf äußert) oder wenn es mehrere Funktionen zugleich erfüllt (Auskunft und Beratung, Werbung, Kooperation). Ein stichwortartiger Leitfaden ist dabei immer nützlich, auch wenn man ein freies Gespräch führt.

Die Form der **Gruppendiskussion** ähnelt didaktischen Methoden, wie sie auch sonst in Bildungsveranstaltungen eingesetzt werden. Sie bietet sich besonders dann an, wenn es um ein Meinungsbild in einer relativ homogenen Gruppe geht:

also bei Mitarbeiter- und Zielgruppenbefragungen, bei Kooperationspartnern usw. Sie kann auch bei gemischten Gruppen angesetzt werden, um Perspektivenvielfalt im Hinblick auf ein gemeinsames Thema zu ermöglichen, sofern kein Statusgefälle die offene Diskussion verhindert. Sollen bereits vorhandene Teilnehmer befragt werden, kann die Gruppendiskussion wie andere Formen des Gesprächs in der Veranstaltung durchgeführt werden.

Zur Vorbereitung des Gruppengesprächs ist es ebenso wie bei anderen Erhebungsmethoden unerlässlich, dass die Interviewerin sich reiflich überlegt, was sie wissen möchte und begründete Vermutungen darüber anstellt, welche Art von Auskünften sie erwarten kann. Ein schriftlich vorbereiteter Katalog von Leitfragen und Gesprächsanstößen ist zwingend nötig – auch wenn im Verlauf der Gruppendiskussion davon aus guten Gründen abgewichen werden sollte oder man das Gespräch möglichst ungezwungen führen möchte. Die Gesprächsleitung achtet ferner darauf,

- dass die Leitfragen und Impulse für die Teilnehmenden verständlich und so konkret sind, dass sie zur Antwort und Beteiligung herausfordern,
- dass möglichst viele Teilnehmerinnen und Teilnehmer zu Wort kommen und auch dann offen sprechen können, wenn ein Beitrag nicht sofort ersichtlich zum »roten Faden« des Gesprächs passt,
- und dass die Beteiligten sich untereinander austauschen und diskutieren können.

Zwei Irrtümer bzw. Fehl-Verhaltensweisen beobachtet man häufig, die die große Ergiebigkeit von Gruppengesprächen entscheidend mindern: Die Gruppe wird entweder als eine einzige Person behandelt oder umgekehrt als Addition von lauter Einzelwesen. In dem einen Fall begnügt man sich damit, dass jede Frage einmal beantwortet wird, im anderen Fall fragt man jeden einzelnen ab. Wenn man das letzte will, muss man einen Fragebogen verwenden oder Einzelinterviews ansetzen.

Die Gruppendiskussion ist auf das Meinungsbild in einer Gruppe gerichtet (und mit Gruppen hat man es in der Regel ja auch bei der Bildungswerbung und -arbeit zu tun), letztlich kann sie nur ermitteln, was sich in der Gruppe als formulierbar, zustimmungsfähig oder strittig erweist. Dazu müssen diejenigen, die es wollen, zur Äußerung angeregt werden bzw. sich untereinander Anstöße geben können.

Das Gruppengespräch ist wegen seiner Interaktivität und Flexibilität sowie seinem Anregungsgehalt für die Beteiligten sehr häufig dem Fragebogen vorzuziehen. Zwar ist der Fragebogen das Instrument, das jeder Laie aus der sozialwissenschaftlichen Methodik irgendwie kennt oder als behördliches Formular fürchten gelernt hat, er ist aber im Hinblick auf ein möglichst facettenreiches Ergebnis oft von eingeschränktem Wert, weil das Instrument unflexibel ist, wenig Nuancen zulässt und im Verlaufe der Anwendung nicht mehr abgewandelt werden kann. Schließlich werden die mit dem Fragebogen erhobenen Durchschnittswerte erst dann wirklich aussagekräftig, wenn ein relativ großer Personenkreis erfasst wird.

Umgekehrt und positiv gewendet: Das Mittel des Fragebogens ist besonders sinnvoll,

- wenn eine *große Zahl* von Menschen befragt wird,
- wenn die *Anonymität* und damit die Offenheit der Antworten unbedingt gewährleistet werden soll,
- wenn die Fragen durch die Antwortvorgaben *einfach und eindeutig* beantwortet werden können. (vorher ausprobieren, vgl. Friedrichs 1997)

Das Frageinteresse sollte sich deshalb auf leicht *angebbare Sachverhalte* (z.B. Sozialdaten, Bildungsbiographie, Anforderungen am Arbeitsplatz, Erreichbarkeit der Bildungsstätte usw.) sowie auf *solche Meinungsäußerungen* konzentrieren, für die einleuchtende und unterscheidbare Antworten vorgegeben werden können. Ergebnisse von Fragebogenaktionen sprechen nicht für sich, sondern müssen interpretiert werden. Das sollte schon bei jeder Fragekonstruktion vorher bedacht werden.

Zur **Auskunftsfähigkeit** (Punkt 4): Wenn man es bei der Bedarfserkundung mit sehr unterschiedlichen Adressaten zu tun hat (vgl. Kap. 2.2.3 und 2.2.4), ist es besonders wichtig, deren unterschiedliche *Rollen, Interessen und ·Auskunftsfähigkeit* mit zu bedenken, um die Nützlichkeit der Informationen einschätzen, sie interpretieren und ggf. ergänzen zu können.

Folgende Rollen von Gesprächspartnern lassen sich grob unterscheiden:
- Auftraggeber,
- Experten,
- Kooperationspartner,
- Multiplikatoren,
- potenzielle Teilnehmerinnen.

Auftraggeber haben ganz allgemein natürlich das größte Interesse an der Bedarfsklärung sowie an der anschließenden Problemlösung, oft aber auch an Kontrolle aller Maßnahmen des externen Beraters. Sie können mit ihrem Überblick meist gute Informationen oder Hinweise auf weitere Informanten und Quellen geben, überblicken das Feld aber oft von einer so hohen Warte aus, dass ihnen konkrete Bedürfnisse und Schwierigkeiten auch entgehen.

Experten können sich meist nur zu einem Ausschnitt aus dem zu beantwortenden Fragenspektrum äußern, das aber besonders sachkundig. Man muss ihre Antworten entsprechend interpretieren und mit denen von anderen Experten und Befragten in Beziehung bringen.

Kooperationspartner können auch Experten sein, suchen aber Aktionsgemeinschaft oder Mitverantwortung und sind deshalb darauf angewiesen, dass ihre eigenen Interessen auch berücksichtigt werden. Deshalb wird Kooperation am ehesten dort gelingen, wo Bildungseinrichtung und Partnerorganisation zwar an ähnlichen Zielen oder Zielgruppen arbeiten, aber sich durch unterschiedliche Leistungen ergänzen und an einem gemeinsamen Erfolg interessiert sein müssen.

Multiplikatoren verbreiten Informationen, etwa über hilfreiche Bildungsangebote, in der Zielgruppe oder bei maßgeblichen Instanzen. Es handelt sich also eher um eine zusätzliche Funktion, die Auftraggeber, Experten, Kooperationspartner, ja Vertreter der Zielgruppe selbst ausüben können.

Adressaten und Teilnehmerinnen sind vor allem „Experten in eigener Sache", d.h. sie wissen besser als alle anderen, was in ihrer Lebens- und Arbeitssituation wichtig ist, wie sie diese bewältigen, was sie motiviert und beeinträchtigt. Wichtig zu unterscheiden ist allerdings, ob man es mit tatsächlichen bzw. avisierten Teilnehmern zu tun hat oder mit bloßen Adressaten aus der gemeinten Zielgruppe. Letztere sind auch wichtig für die Recherche, weil sie Auskünfte zur Situation der Zielgruppe geben und potenziell zu Teilnehmern werden können. Aber ob die Bildungsbedürfnisse stark genug sein werden, zeigt sich erst an der manifesten Nachfrage und Teilnahme.

Eigene Aufzeichnungen (Punkt 5) von Gesprächen und Zwischenergebnissen sind das Pendant zum selbst gesetzten Leitfaden und gerade bei sehr lebendigen Rechercheverläufen Bedingung dafür, den Überblick zu behalten und zu begründeten Schlussfolgerungen zu kommen. In Gesprächen können fortlaufende Aufzeichnungen störend erscheinen; manchmal nimmt ein informell begonnenes Gespräch zudem eine höchst informative Wende, auf die man gar nicht vorbereitet ist. Man sollte mindestens eine Art Tagebuch führen, in dem nachträglich Gesprächsnotizen gemacht werden. Dies ist bereits eine Hilfe, die eigenen Eindrücke etwas vollständiger und systematischer aufzuklären und festzuhalten. Gründlicher geschieht dies sicher, wenn man schon während der Gespräche eigene Notizen festhalten kann. Vor allem bei längeren Experteninterviews und Gruppengesprächen, in denen es um viele neue Informationen oder auch abweichende Meinungen geht, ist die Zuhilfenahme eines Tonbandgerätes ratsam, nicht unbedingt, um nach wissenschaftlichem Vorbild später alles abzuschreiben und schrittweise zu interpretieren, sondern um Unterstützung für die eigene Erinnerung zu haben und sich stärker auf das aktuelle Gespräch oder seine Moderation konzentrieren zu können. Dieses Mittel stört die Adressaten meist weniger, als man selbst annimmt, wenn man es nur relativ unbefangen benutzt und freundlich einführt.

„Bedarfserschließung" geschieht nicht zum Selbstzweck, sondern um zu einer **Einigung** mit Auftraggeberinnen und Teilnehmern darüber zu kommen, welche nächsten Schritte zur Problemlösung gegangen werden sollen. Das werden in der Regel Bildungs- und Beratungsdienstleistungen sein. Feinabstimmungen zwischen Lernbedürfnissen und Leistungsangebot sollten auch noch im Lernprozess selbst stattfinden können.

Weiterbildungsbedarf ist *keine feste und feststehende Größe*. Das gilt im Hinblick auf die anscheinend eher zu objektivierende Seite des Bedarfs von Betrieben und Organisationen ähnlich wie für die subjektive Seite der Einzelbedürfnisse. In beiden Fällen kann Bildungsbedarf verdeckt, latent sein, sind Fragen des Bildungsbedarfs häufig vermischt mit anderen Problemlagen, entscheidet sich erst relativ spät, was davon durch andere Maßnahmen (oder durch Unterlassen) gelöst wird und was in Weiterbildungsprozesse einmündet.

Bildungsbedarf manifestiert sich häufig erst in der Nutzung einer Weiterbildungsdienstleistung, wird jedenfalls erst endgültig realisiert in der Interaktion zwischen Lehrkräften und Teilnehmenden über die Feinabstimmung von Lernbedürfnissen und Lehrmöglichkeiten. Das Wort „Erschließen“ macht vielleicht deutlicher, dass es nicht um einseitige Abfrage, um ein „Herausbekommen“ geht, sondern um einen Prozess wechselseitigen Suchens und Bewusstmachens. Der Begriff weist auch darauf hin, dass Bedarfserkundung, Angebotsentwicklung und Öffentlichkeitsarbeit unmittelbar miteinander zusammenhängen und oft in Wechselschritten erfolgen.

Grundsätzlich könnte man sich allerdings auch vorstellen, dass Bedarfserhebungen bzw. Problembestimmungen zu einer selbständigen Dienstleistung werden, die unabhängig von einem möglichen Angebot an Bildungsveranstaltungen durchgeführt werden, um den Nutzern eigene Konsequenzen aus der Analyse zu überlassen.

Fragen zum Themenbereich „Bedarfserschließung“

- Denken Sie an Ihre Bildungsangebote oder an die einer Ihnen bekannten Einrichtung: Welche Planungsstrategien werden wohl hauptsächlich eingesetzt und warum? Versuchen Sie eine Bedarfshypothese zu einem eigenen Vorhaben oder zu einem der Beispiele unter 2.1.4 zu formulieren.
- Wenn Sie sich noch einmal Aufwand und Ertrag der Beispiele in Kap. 2.2 vor Augen halten: Würden Sie sagen, dass in bestimmten Fällen Aufwand getrieben wird, der nicht in einem angemessenen Verhältnis zum möglichen Ertrag steht?
- Wenn Sie sich die Punkte der Checkliste und die genannten Methoden vor Augen halten: Welche Schritte und Methoden haben Sie bisher bei der Vorbereitung von Angeboten bewusst (oder intuitiv) benutzt? Welche würden Sie im Hinblick auf Ihre jetzigen und künftigen Aufgaben für sinnvoll halten und sich schon zutrauen?

Literatur zur Vertiefung

Zur Weiterbildungsbeteiligung

Barz, Heiner/Tippelt, Rudolf (Hg.) (2004): Weiterbildung und soziale Milieus in Deutschland. Bd. 1: Praxishandbuch Milieumarketing. Bd. 2: Adressaten- und Milieuforschung zu Weiterbildungsverhalten und -interessen. Bielefeld
Tippelt und Barz haben den interessanten Versuch gewagt, aus Ihren Befragungen zur Weiterbildungsbeteiligung Konsequenzen für das Marketing von Bildungseinrichtungen zu ziehen.

Zur Praxis der Bedarfsklärung:

Gerhard, Rolf (1992): Bedarfsermittlung in der Weiterbildung. Hohengeren
Eine Sammlung übertragbarer Verfahren aus der wissenschaftlichen Weiterbildung

Marchl, Gabriele/Stark, Gerhard (1999): Bedarfsgerechte Weiterbildung für Ihren Betrieb. Praktische Hinweise zur Kooperation mit Bildungsanbietern. Bielefeld
Empfehlungen des BIBB an Betriebe, auch für Bildungsanbieter empfehlenswert

Zu Methoden des Recherchierens:

Friedrichs, Jürgen (2002): Methoden empirischer Sozialforschung. Opladen
Klassiker der quantitativen Methodik, auch zum Nachschlagen

Kirchhoff, Sabine u.a. (2003): Der Fragebogen. Datenbasis, Konstruktion und Auswertung. UTB 3. Aufl.

Mayring, Philipp (2001): Einführung in die qualitative Sozialforschung. Eine Einleitung zu qualitativem Denken. 5. Aufl. Weinheim

3 Angebotsentwicklung – Schritte und Kriterien

Dass das Kapitel Bedarfserschließung diesem Teil „Angebotsentwicklung“ vorausgeht, soll vor allem die fundamentale Bedeutung der Nachfrage und der Bedürfnisorientierung für die Realisierung von Dienstleistungen unterstreichen. Im wirklichen Arbeitsprozess werden die beiden Aufgaben oft in sehr unterschiedlicher Weise miteinander verschränkt (s. auch Kap. 2.1.3 und 2.2). In diesem Kapitel soll es um die Entwicklung des einzelnen Angebots gehen.

Unter „Angebot“ versteht man allgemein die Gütermenge, die ein Anbieter auf dem Markt absetzen möchte. Das einzelne Angebot ist demnach ein bestimmtes Gut, das nachgefragt und abgenommen werden kann. Nun ist das Gut, das von der Weiterbildung abgesetzt wird, eine Bildungsdienstleistung (s. dazu ausführlich Kap. 1), die nicht als fertiges Objekt angeboten werden kann, sondern nur in Form einer Zusage, ein bestimmtes Leistungspotenzial realisieren zu wollen.

Definition:
Das **Weiterbildungsangebot** besteht in der Zusage, ein vorhandenes Leistungspotenzial in Form einer bestimmten Bildungsdienstleistung zu realisieren und dabei Eigenleistungen der Abnehmer einzubeziehen.

Dem Angebot liegt in der Regel eine schriftlich fixierte Konzeption zugrunde, die Strukturelemente und den wünschenswerten Verlauf der Bildungsdienstleistung enthält (oft auch organisationsspezifische Realisierungsbedingungen). Nach außen dargestellt wird das Angebot meist in Form einer knapperen vorwegnehmenden Beschreibung der geplanten Dienstleistung (z.B. als Programmankündigung, Flyer, Vertragsentwurf usw.), oft verbunden mit einer werblichen Ansprache.

In der Weiterbildungspraxis wird der Begriff „Bildungsangebot“ traditionell weiter gefasst und meint über das Angebotsstadium bzw. die Absatzfunktion hinaus den besonderen Gegenstand oder die Leistung, die das Spezifikum des Bildungsunternehmens ausmacht. Ich verwende deshalb den Begriff der „Angebotsentwicklung“ auch als Kurzform für den gesamten Prozess der Leistungserstellung und -optimierung. Dieser wird in Teilen der Literatur auch „Produktentwicklung“ genannt, warum ich diesen Begriff nicht verwende, habe ich in Kap. 1.2 dargestellt.

Definition:
Der Begriff der **Angebotsentwicklung** wird in dieser Einheit als Kurzform für den Prozess der Entwicklung und Verbesserung (neuer) angebotsfähiger Bildungsdienstleistungen verwendet. Dabei spielt die Angebotsplanung i.e.S. eine hervorragende Rolle.

In der allgemeinen Literatur zum Dienstleistungsmanagement und -marketing wird die Dienstleistungsentwicklung sehr unterschiedlich behandelt. So betrachtet Bieberstein (2006) sie nur als einen Unterpunkt des Marketing, nämlich der Angebotspolitik, während Haller (2002) das systematische Kreieren neuer Dienste als eine besondere Aufgabe und „Herausforderung für die Zukunft" bezeichnet (Haller 2002, S. 73). Die Konzeption und Gestaltung von Leistungen sei ein zentrales Element des Dienstleistungsmanagements. Dabei sei erstaunlich, dass (neue) Dienstleistungen bisher meist in einem Versuch- und Irrtum-Verfahren und wenig systematisch entwickelt würden. So sei auch die Forschung zum „Service-Engineering" (auch „Service-Design" genannt) selbst im Hinblick auf forschungsintensive komplexe Angebote völlig unterentwickelt.

Im Hinblick auf Bildungsdienstleistungen kann allerdings auf die pädagogische Erfahrung mit Didaktik und didaktischen Modellen zurückgegriffen werden, die eine gewisse systematische Anleitung zur Konstruktion von Unterstützungsleistungen geben. Eine Vermittlung umfassenden didaktischen Wissens bzw. entsprechender Fertigkeiten kann hier zwar nicht geschehen. Vermittelt bzw. erinnert werden aber die Schritte zu einer tragfähigen Angebotskonzeption und mögliche Kriterien ihrer Bewertung. In Grundzügen sollte jedes Bildungsmanagement über solche Kenntnisse verfügen, schon allein, um Konzepte und „Angebote" von Lehrkräften beurteilen zu können.

Zunächst werden im Überblick die Schritte dargestellt, die zur Angebotsentwicklung und -verbesserung getan werden müssen. Dies geschieht in Anlehnung an die Unterscheidung von Service-Engineering (Angebotsentwicklung) und/oder Service-Management (Angebotsrealisierung) der Betriebswirtschaftslehre (vgl. Haller 2002), die durch Erfahrungen aus dem Weiterbildungsmanagement ergänzt werden.

Schritte der Angebotsentwicklung

Angebotsplanung

1. Ideen und Anstöße
2. Von der Idee zur Konzeption
3. Prüfen der Tragfähigkeit

Angebotsrealisierung

4. Angebote organisieren und kommunizieren
5. Lehr-Lern-Prozesse gestalten
6. Lernergebnisse und Angebote evaluieren

Angebotsverbesserung

Abbildung 3.1:
Schritte der Angebotsentwicklung

Wir beschäftigen uns in diesem Kapitel hauptsächlich mit der Angebotskonzeptionierung und -planung, geben aber einen Ausblick auf Angebotsrealisierung und -verbesserung, die Folgen für die Weiterentwicklung des Angebots haben. Die vielfältigen Fragen der Angebotsrealisierung sind weniger verallgemeinerbar und wären mit Aspekten verbunden, die entweder nicht Thema dieser Studienreihe sind (z.B. Lehren und pädagogisches Handeln i.e.S.), oder in anderen Büchern dieser Reihe behandelt werden (wie Marketing, Qualität, Controlling).

3.1 Ideen und Anstöße

Wer noch nicht an der Planungsarbeit in der Weiterbildung beteiligt war, oder wer ein völlig neues Programm bzw. einen Programmteil entwerfen oder gar eine neue Weiterbildungseinrichtung gründen will, empfindet die Frage, wie man denn auf Ideen für das Angebot kommt, meist als besonders dringend, aber auch schwierig zu beantworten. Man wird Programme anderer vergleichen, Fachliteratur und -zeitschriften durchsehen, Gespräche mit Expertinnen aus der bestimmten Berufssparte oder einer bestimmten Szene führen, um einen ersten Probeball spielen zu können. Nach genauerer Auswertung der ersten Versuche und bei wachsendem Bekanntheitsgrad des Angebots wird – mit einigem Glück – aus solchen Anfängen ein reichhaltiges Angebot. Anstöße zur Veränderung und Erweiterung kommen dabei nicht nur von außen (Nachfrage, Interaktion mit der Umwelt), sondern auch von innen (weitere Evaluation und Differenzierung des Angebots). Schließlich ist für das Bildungsmanagement oft nicht mehr die Frage, wie man überhaupt zu Ideen kommt, sondern welche Ideen weiter entwickelt werden und auf welche man von vornherein verzichtet.

Das Aufblitzen einer ersten Idee kann man wahrscheinlich weder erzwingen noch genau rekonstruieren. Man kann aber erste Ideen systematisch auf ihre Entwicklungsfähigkeit hin überprüfen. Dazu werden vier kleine Fallbeispiele für neue Angebotsideen vorgestellt. (Dabei handelt es sich um klassische Seminarangebote oder Trainings, die Sie sich alle vorstellen können. Zu Dienstleistungsinnovationen vgl. Kap. 4). Diese vier Beispiele sollen darauf hin befragt werden:

- woher der Anstoß kommt,
- welchen Neuigkeitsgrad er enthält
- und was an der Idee noch fehlt, um ihre Tragfähigkeit überprüfen zu können.

Beispiel A:
Die Leiterin eines Fremdsprachenbereichs bemüht sich seit langem darum, die Angebote nach unterschiedlichen Einstiegsmöglichkeiten und Zielorientierungen an vielfältigen Kundenbedürfnissen zu orientieren. Dies gelingt gut bei den stark nachgefragten, sogenannten „großen“ Fremdsprachen. Aber naturgemäß kaum bei den „kleinen“ Fremdsprachen mit geringen Nachfragergruppen. Teilnehmer eines Neugriechisch-Kurses scheinen unzufrieden mit dem Lernfortgang – wie sie aus Rücksprache mit der Lehrperson und mit einzelnen Teilnehmenden erfahren hat –, weil die Erwartungen in der Gruppe im Hinblick auf Tempo, Schwierigkeitsgrad und Zielstrebigkeit des Kurses sehr stark auseinander klaffen.

Beispiel B:
Eine Kursleiterin, die bisher als freie Mitarbeiterin an einer reinen Sprachenschule unterrichtet hat, schlägt der Bildungseinrichtung einen Lehrgang für Frauen vor, die nach einer Familienpause wieder in den Beruf einsteigen wollen: „EU-Sprachen-Sekretärin“. Der Lehrgang besteht aus drei Bausteinen mit voneinander unabhängigen Abschlüssen: zwei zur Sprachenkorrespondentin in unterschiedlichen Fremdsprachen und dem Abschluss der geprüften Sekretärin. Es besteht Aussicht auf Förderung durch ein Wiedereinstiegsprogramm der Landesregierung und durch die EU, wodurch die Kursleiterin die Möglichkeit einer befristeten Volleinstellung bekäme. (vgl. Kap. 2.2.2)

Beispiel C:
Eine Firma, die Backwaren herstellt und ihre Verkaufsfilialen stark erweitert hat, ruft einen Bildungsanbieter an, der eigentlich Spezialist für gewerbliche Fortbilung ist und mit dem die Firma bereits gute Erfahrungen gemacht hat: Ob man sich vorstellen könnte, dem Verkaufspersonal eine Art „Nachhilfe in Sachen Verkauf“ zu geben. Da haperte es wohl doch noch etwas.

Beispiel D:
Eine Journalistin ruft die Leiterin eines Programmkapitels „Seniorenbildung“ an und fragt sie, ob es denn bei ihr schon ein Altentheater gäbe. Sie habe einen Bericht aus Berlin verfolgt, wo entsprechende Aufführungen begeisterten Zuspruch gefunden hätten.

Betrachten wir zunächst die Herkunft und die Art der Anstöße (Punkt 1), vor allem den Neuigkeitsgrad für den Weiterbildungsanbieter (Punkt 2).

Die Anstöße zu den Ideen sind zunächst interner Natur, folgen dann in der Beispielkette immer stärker externen Anregungen.

Im Beispiel A sind es Teilnehmerinnen und eine freie Mitarbeiterin, die die Fachbereichsleiterin anregen, ein bisheriges Angebot zu revidieren, allerdings in eine Richtung, die die Fachbereichsleiterin schon längst selbst verfolgt. Das heißt, der Neuigkeitsgrad ist im Grunde gering, in Frage stehen die Realisierungsaussichten bei einer relativ kleinen Nachfragegruppe.

Im Falle B (EU-Sprachensekretärin) kommt die Idee – wie nicht selten – von einer freien Mitarbeiterin, deren Qualitäten man sicher einschätzen kann, die aber offensichtlich auch starke eigene Interessen verfolgt. Die Idee erscheint als schon relativ ausgearbeitet, bedeutet für die Einrichtung, die bisher nur Fremdsprachenkurse angeboten hat, aber auch eine Neuerung, wenn auch in der gedachten Kombination eine naheliegende.

Im Falle C (Verkaufstraining in Bäckerei) kommt die Anforderung eindeutig von außen, allerdings von einem guten Kunden, den man sicher nicht zurückweisen möchte. Es handelt sich also um eine ideale Nachfragesituation, allerdings im Hinblick auf ein Fortbildungssegment, in dem der Weiterbildungsanbieter bisher nicht tätig war. Man bliebe zwar in derselben Branche, würde aber auf ein anderes Segment übergehen und damit von der gewerblichen zur kaufmännischen Weiterbildung. Die Einrichtung müsste sich fragen, ob sie für diese programmpolitische Erweiterung genügend know how hat bzw. freie Mitarbeiter/innen dafür gewinnen kann.

Noch weitgehend vage erscheint die Idee D (Altentheater). Das ist ein externer Anstoß, wahrscheinlich von einer Kooperationspartnerin, mit der man gelegentlich Informationen und Werbemöglichkeiten ausgetauscht hat, die aber weder eine Kundin noch eine Expertin für Weiterbildung ist. Aber gerade dieser fremde Blick kann bei der Ideenfindung oft nützlich sein, um auf etwas gänzlich Neues zu kommen. In diesem Fall ist die pädagogische Mitarbeiterin zunächst irritiert, weil die Angebotsidee für sie unter die Sparte Kultur oder Sozialarbeit fällt, also weniger unter Bildung, wofür sie sich allein zuständig fühlt.

Nehmen wir an, alle angesprochenen Bildungsanbieter seien bereit, die Ideen noch weiter auszufüllen (Punkt 3), um sie auf ihre Tragfähigkeit hin überprüfen zu können. Wie kann man dabei halbwegs systematisch vorgehen?

Dazu schlage ich Findungs- und Prüfkriterien aus einem Modell der Angebotsentwicklung vor (s. Abb. 3.2, wird im nächsten Kapitel vertieft). Hat man erste Ideen zu einem Angebot, kann man sich mit Hilfe des Modells fragen, welche der im Modell genannten Punkte man damit schon angesprochen hat und um welche Punkte dieser erste Gedanke noch ergänzt werden müsste.

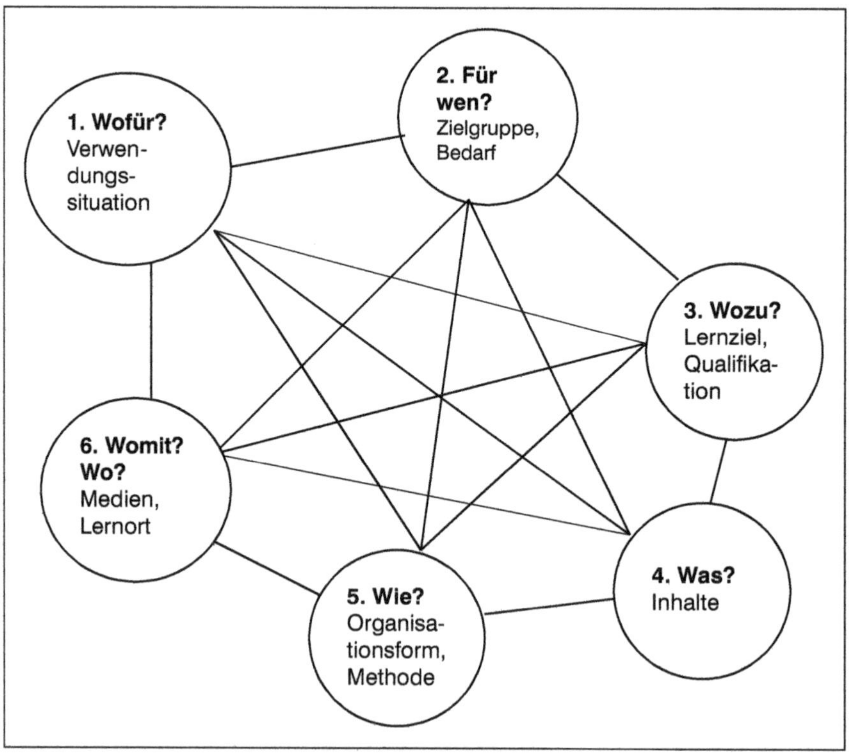

Abbildung 3.2:
Modell der Angebotsentwicklung

Die Fragewörter sollen der leichteren Erfassbarkeit dienen, sie sind nicht auf jedes Beispiel strikt anwendbar. Der Auftraggeber will in der Regel einen Nutzen für bestimmte Verwendungssituationen (1) durch die Bildungsmaßnahme haben, dazu ist wichtig zu wissen, um welche Zielgruppe (2) es mit welchen Voraussetzungen (Ist-Stand) geht, welche Qualifikationen (3, Lernziel und Soll-Stand) im Kurs erarbeitet werden können und müssen, was dazu an Inhalten (4) vermittelt werden sollte, und zwar wie, in welcher Form (5) und mit Hilfe welcher Medien und Lernorte (6).

Die Punkte 5 und 6 brauchen wohl noch eine zusätzliche Erläuterung, weil sie Mehreres, vielleicht auch ungewöhnlich zusammenfassen:

(5) Beim „Wie?“ geht es auf der Ebene der Ideenfindung hauptsächlich um die mögliche Organisationsform der Veranstaltung (z.B. Wochenendseminar, Studienfahrt), sodann auch skizzenhaft um den möglichen Zeitumfang und die Hauptmethoden.

(6) Im weiten Sinne versteht man unter „Medien“ nicht nur technische Hilfsmittel, sondern alle Träger und Formen, in denen Inhalte präsentiert und kommuniziert werden. Um beispielsweise Wissen über die Natur zu vermitteln, könnte man einen Parkbesuch wählen, die Arbeit in einem Kleingarten anregen oder eine Film-Vorführung ansetzen. D.h. bei der ersten Ideenfindung wird besonders der Lernort als „Trägermedium“ im Vordergrund stehen, erst in zweiter Linie wird man nach den im Einzelnen benötigten Hilfsmitteln fragen.

Überprüfen Sie die Ideen-Beispiele A – D auf ihre Vollständigkeit hin:

- Zu welchen der sechs Punkte des Prüf- und Entwicklungsmodells wird hier schon etwas, wenn vielleicht auch wenig, gesagt?
- Um welche Punkte müsste die jeweilige Idee noch dringend ergänzt werden, um ihre Tragfähigkeit beurteilen zu können?

Gehen wir die Beispiele einmal gemeinsam durch.

(A) Die Fachbereichsleiterin für Fremdsprachen hat eine Zielgruppe (2), die Neugriechisch lernen will, offensichtlich aber unterschiedliche Ziele hat, d.h., eigentlich in mehrere Untergruppen auseinander fällt. Entsprechend müssten Inhalte und Methoden (4 und 5) angepasst werden. Vordringlichste Aufgabe wäre es, Verwendungssituationen (1) zu unterscheiden, um daraus unterschiedliche Zielsetzungen (3) für möglicherweise unterschiedliche Angebote abzuleiten.

Ihre weitere Recherche bringt übrigens zutage, dass es sinnvoll ist, die Teilnehmer, die nur eine erste Einführung in das Neugriechische zu Urlaubszwecken wünschen, von den übrigen Teilnehmern zu trennen, die Griechisch systematisch und vollständig lernen wollen (aus beruflichen Zwecken, weil sie sich dort dauerhaft niederlassen wollen usw.). Dabei muss sie natürlich entscheiden, ob sie das Risiko eingehen will, für zwei unterschiedliche Kurse auch zusätzliche Teilnehmer gewinnen zu müssen. Vielleicht könnte ein Teil des „Urlaubsangebots“ sogar im Urlaubsland (Punkt 6) veranstaltet werden?

(B) Zur Idee „EU-Sprachensekretärin“ kommt es, weil die Lehrende über bestimmte Fachkompetenzen verfügt und diese auch anwenden möchte. Hier sind die Bildungsinhalte (Punkt 4) also der Ausgangspunkt, was sicher nicht untypisch ist für Ideen, die von Fachleuten und Lehrenden kommen. Erst dann fragt sie sich, dies aber sehr folgerichtig, für wen (2) in welcher Situation (1) die Vermittlung solcher Inhalte wichtig sein kann. Die Zielgruppe (2) und deren spezieller Bedarf für die geplanten Qualifikationen (3) müsste allerdings noch genauer recherchiert werden. Es wäre sicher auch nützlich, die Industrie- und Handelskammer zu fragen, ob sie sich solche Abschlusskombinationen (3) und deren Prüfung vorstellen kann. Völlig offen sind noch die Punkte 4–6.

(C) Die Nachfrage nach Verkaufstrainings ist ein typisches Beispiel dafür, dass gerade Kunden- und Interessentenwünsche präzisiert und „didaktisiert“ werden müssen, also auf ihre Lehrbarkeit hin ergänzt und überprüft werden sollten. Es gibt hier eine Verwendungssituation (Punkt 1, Verkauf in einer Bäckerei) und eine Zielgruppe Verkaufspersonal (Punkt 2). Aber welche Probleme tauchen in der Verwendungssituation überhaupt auf und gelten sie für alle Mitglieder der Zielgruppe gleichermaßen? D.h., der genaue Bedarf ist trotz Nachfrage noch längst nicht klar. Wie kann man die anderen offenen Fragen vorläufig beantworten: zu den Zielen (3), den Übungsinhalten (4), der Angebotsform und den Trainings- und Vermittlungsmethoden (5), zum Ort und zu nötigen Hilfsmitteln (6)? Und schließlich ist da immer noch das Risiko eines für den Anbieter neuen Angebotstyps, – aber schließlich möchte man den guten Kunden auch nicht zurückweisen...

(D) Die Anfrage nach einem „Altentheater“ ist wohl am schwersten zu klären. Es wird eine Zielgruppe genannt (Punkt 2) und anscheinend auch eine Verwendungssituation (Punkt 1: Theateraufführung?). Oder ist es eine Methode (Theaterprobe = Punkt 5)? Die Leiterin dieses Programmkapitels für Senioren ist zunächst begeistert, vor allem auch, weil die Journalistin ihr bei der möglichen Werbung helfen will. Erst dann kommen ihr Bedenken: Geht es bei diesem Angebot überhaupt um eine Bildungsfrage, um etwas, das lernend bewältigt werden kann, oder geht es um eine Art Freizeitbeschäftigung?

Sie fragt damit nach dem möglichen Bildungswert eines Seniorentheaters, also danach: welche Kompetenzen (Punkt 3) dadurch für welche Lebenssituation (1) der Zielgruppe erweitert werden können. Und weiter: ist das Theaterspielen dabei eigentlich Mittel zum Zweck, also eine Methode (5), oder ist es Selbstzweck, also das Ziel (3)? Sie spricht mit erfahrenen Theaterpädagogen über die mögliche Beantwortung ihrer Fragen bzw. die Vervollständigung der Idee. Dabei wird ihr klar: Das Bildungsziel ist nicht die Theateraufführung, also ein Kulturprodukt, sondern das Heraustreten der Älteren aus einer häufig anzutreffenden Isolation, eine größere Sicherheit in Auftreten und Körperlichkeit, vielleicht auch die Entdeckung einer Kreativität, die während der Berufstätigkeit eher zu kurz gekommen war. Eigene Produktivität und Lebenserfahrungen wären besonders gefordert, wenn keine vorfabrizierten Stücke gespielt, sondern eigene geschrieben werden. Vielleicht könnte sogar etwas von der Lage älterer Menschen mit Hilfe der Theateraufführung für das Publikum sichtbar werden.

Die Punkte ihrer Ideensammlung ordnen sich: Das Ziel des Angebots ist die Verbesserung der Kompetenz (3) für die eigenen Alltagssituationen (1) der Älteren (2). Die Einstudierung und Aufführung eines Theaterstücks sind Methoden (5) und Medien (6) auf dem Weg zu diesem Ziel. Die Inhalte (4) werden – realistisch, komisch oder tragisch – den eigenen Lebenserfahrungen (1) entnommen, nicht der Literaturtradition.

Ich habe dieses Probieren mit Hilfe des Findungsmodells am letzten Fall etwas ausführlicher dargestellt, um zu zeigen, wie wichtig die Prüfung der ersten Idee auch unter dem Gesichtspunkt ist, ob es sich um eine Anforderung handelt, die überhaupt durch organisiertes Lernen eingelöst werden kann und in das eigene Programm passt. Einige Ideen werden nach dieser Prüfung vielleicht schon fallen gelassen. Andere erweisen sich noch als risikobehaftet, obwohl offensichtlich Bedarf vorhanden ist (A und C). Oft kann man die Frage nach der Tragfähigkeit und Machbarkeit einer Idee aber erst beantworten, wenn eine Konzeption dafür entworfen wird.

3.2 Exkurs zum didaktischen Hintergrund

An dieser Stelle unterbreche ich den Gang der Planungsschritte, um den wissenschaftlichen Hintergrund dieser didaktischen Überlegungen in der gebotenen Kürze anzudeuten und das vorgeschlagene Modell etwas stärker zu begründen und in seiner Herkunft zu verorten.

3.2.1 Didaktik und didaktische Perspektiven

Als *Didaktik* bezeichnet man die *Theorie und Praxis des Lehrens und Lernens* (vgl. Jank/Meyer 2002, S. 14). Didaktik ist ein Teilgebiet der Erziehungswissenschaft, das sich mit Theorie, Erforschung und praktischer Umsetzung von Lehr-Lern-Prozessen befasst. Da unter „Didaktik" ebenso wissenschaftliche Theoriebildung wie praktische „Kunst" verstanden wird, darf man auch sagen: Wer Lehr-Lern-Prozesse *reflektiert* durchführt, handelt im besten Sinne didaktisch, – auch wenn er die eigene Konzeption nicht wissenschaftlich einordnen kann.

Arbeitsgebiete der Didaktik

Der Begriff der Didaktik umfasst die Theorie und Praxis des Lehrens und Lernens.

- **Funktionen für die Praxis**:
  Planen, Realisieren, Auswerten/Analysieren
  von Inhalten und Prozessen des Lehrens und Lernens

- **Theorien/Modelle**:
  u.a. bildungs-, lern-, curriculumtheoretische; kommunikative, kritische Didaktik

- **Ebenen:**
  - Allgemeine Didaktik
  - Bereichsdidaktik (z.B. der Weiterbildung)
  - Fach- und Zielgruppendidaktik

- **Realisierungsformen:**
  u.a. Präsenz-Unterricht (z.B. Seminare), mediengestützt (E-Learning), in besonderen Lebenssituationen (z.B. am Arbeitsplatz); selbstorganisiertes, informelles Lernen

Die Weiterbildung hat eigentlich keine eigene Bereichsdidaktik hervorgebracht, die für das gesamte Feld Geltung beanspruchen könnte. Das liegt an der Vielfalt der Aufgaben der Weiterbildung, aber auch am verhältnismäßig raschen Wandel ihrer Bedingungen und Fragestellungen. Folgerichtig hat z.B. Horst Siebert (2003) seine neuere Didaktik nicht mehr als einen großen systematischen Entwurf konzipiert, sondern als einen Baukasten, aus dem man sich mit sehr unterschiedlichen Elementen, je nach Aufgabenstellung, bedienen kann. Ansonsten wird man eher didaktische Ansätze zu unterschiedlichen Aufgabenstellungen finden, z.B. zur Sprachvermittlung, zur Frauenbildung, zur politischen, inzwischen auch zur betrieblichen Weiterbildung. Mehr oder weniger sind diese Fach- und Bereichsdidaktiken in ihren Vorgehensweisen beeinflusst von den grundlegenden Orientierungen und Theorien der allgemeinen Didaktik. Deshalb skizziere ich unterscheidbare Perspektiven stichwortartig, um dann einen eigenen pragmatischen Ansatz für die Weiterbildung zu begründen.

Die bildungstheoretische Perspektive – Inhaltsorientierung

Bei diesem Denkansatz steht die Frage an erster Stelle, *was* Schüler, Studenten oder Weiterbildungsteilnehmer mit Hilfe von Unterricht eigentlich erlernen sollen. In dieser breiten Tradition des Nachdenkens über Lehrpläne und Kursinhalte rückt die Beschäftigung mit der Auswahl und Anordnung von Inhalten des Lehrens und Lernens in den Mittelpunkt. Begriffe wie Lehrplan, Fächerkanon, Fachsystematik werden zentral. Die Methodik erscheint als zweitrangig, ergibt sich anscheinend aus den Inhalten selbst (Vorstellung vom Primat der Didaktik vor der Methodik). Aber fachliche Inhalte – und das muss man freien Mitarbeitern in der Weiterbildung häufig erst beibringen – sagen aus sich heraus noch nicht, was und vor allem wie sie zu vermitteln sind.

Inhalte sind zudem potenziell unendlich. Es muss eine Auswahl getroffen werden. Maßstäbe für die Auswahl sind in dieser Perspektive die Zielsetzung des Lehrgangs. Die Inhalte werden durch die Zielsetzungen reduziert bzw. zum Zwecke der Vermittlung neu geordnet. Genau genommen handelt es sich bei diesem Ansatz also um eine Ziel-Inhalts-Didaktik, was in etwa den Punkten drei und vier unseres Schemas entspricht. Dabei geht es der bildungstheoretischen Didaktik, z.B. ihrem Hauptvertreter Wolfgang Klafki (1996), aber – entsprechend den Aufgaben der Schule – im Wesentlichen um den Bildungswert des Stoffes für die Lernenden. Jede Weiterbildung, die auf Kompetenz- und Persönlichkeitsbildung setzt, wird deshalb von der bildungstheoretischen Didaktik lernen können. Aber auch Klafkis Entwurf der Bildungsarbeit an epochentypischen „Schlüsselproblemen" ist in der Weiterbildung aufgegriffen worden.

Die unterrichtstheoretische Perspektive – Lern- oder Lehr-Orientierung?
Seit den sechziger Jahren fragen Didaktiker genauer nach der Struktur des Unterrichts, in dessen Rahmen die meisten Vermittlungsprozesse stattfinden. Heimann, Otto, Schulz (Schulz 1981) konzipieren ein Strukturmodell des Unterrichts, das Lehrern bei dessen Planung und Auswertung helfen soll. Dadurch ist es weit verbreitet und viel benutzt worden. Missverständlich ist allerdings die Bezeichnung „lerntheoretisches" Modell (zeitweilig wird auch der Ausdruck „lehrtheoretisch" verwendet). Denn die Planung soll zwar das Lernen des Schülers zum Ziel haben und im Blick behalten, aber die Verfasser entwickeln eigentlich keine eigene Lerntheorie.

Ganz vom Lernen aus gehen verständlicherweise eher Didaktiker, die lernpsychologisch orientiert sind, wie Aebli (2003), viele amerikanische Autoren oder – besonders auf Weiterbildung bezogen – die Gruppe um Mandl (2005). Hier rückt der Lernende mehr und mehr in den Mittelpunkt, während Lehrende gleichsam auf die „Anforderungen" des Lernens hin reagieren. Die Rolle von Kursleitern und Trainern wechselt von der direkten Lehre (Instruktion) zur indirekten und zur Aufgabe der Schaffung anregender „Lernumgebungen". Allerdings scheint dabei auch die Planungssicherheit wieder verloren zu gehen, die Heimann, Otto, Schulz den Lehrenden verschafft haben.

Die kommunikative Variante – Interaktions- und Gruppenorientierung
In einer solchen planungsorientierten Didaktik kommt oft zu kurz, dass Unterricht mehr ist: für Schüler/innen nämlich eine eigene Lebenssituation, für Weiterbildungsteilnehmende eine Gesprächssituation mit eigener Dynamik, oft auch eine intensive Begegnung mit Fremden. Eine interaktionistische Weiterbildungsforschung hat eine teilweise geringe Zielgerichtetheit des gemeinsamen Handelns, vor allem ein Aneinander-Vorbeireden von Lehrenden und Teilnehmenden aufgedeckt (Kejcz 1979). Besonders folgenreich für die Praxis sind wahrscheinlich die Überlegungen und Empfehlungen zur Dynamik der Gruppe (z.B. von Tobias Brocher 1999, erstmals 1967) und zur nötigen Balance von Sache, Person und Interaktion im Gruppengespräch (z.B. durch Ruth Cohn 2000, erstmals 1975) geworden. Wie man eine Balance bekommt zwischen der nötigen Zweck-/Nutzengerichtetheit des Weiterbildungsangebots und der Kommunikations- und Gruppenorientierung, gilt seitdem als eine immer wieder neu zu lösende Frage.

Die reformpädagogische Perspektive – Kritik des Lehrens und der Bildungsinstitutionen
Seit über Schule und Unterricht pädagogisch und wissenschaftlich nachgedacht wird, werden diese zugleich – insbesondere von Wissenschaft und Praxis selbst! – kritisiert. In der Kritik stehen besonders die standardisierten und disziplinierenden Formen des Unterrichts und seine Abgrenzung gegenüber dem „wirklichen" Leben. Daraus haben sich didaktische Strömungen, wie die „Pädagogik vom Kinde

aus", die handlungsorientierte Didaktik, die Erlebnispädagogik oder der Projektunterricht, entwickelt.

Solche Kritik hat sich mit Entstehen der Weiterbildung historisch wiederholt. Die Forderung nach Entschulung der Schule wurde ergänzt durch eine Forderung nach De-Institutionalisierung der Weiterbildung, nach mehr alternativem und informellem Lernen, auch in eigenen sozialen Milieus. Heutige konstruktivistische Lernkonzepte schließen im Grunde an diese reformpädagogische Bewegung an, die es seit etwa 1900 in immer neuen Varianten gegeben hat (zum großen Teil unter Berufung auf Rousseau). Die radikal-konstruktivistische Sichtweise kritisiert vor allem die Vorstellung, dass organisiertes Lehren unmittelbar und spiegelbildlich (1:1) das angezielte Lernen bewirken könne. Lernen sei eine eigenwillige Leistung, die immer nur aufgrund eigener Erfahrungen und selbstgesteuert geschehen könne (z.B. Siebert 2003).

Diese Kritik ist hier insofern aufgegriffen worden, als wir mit dem Begriff der Bildungsdienstleistung gerade bewusst machen wollen, dass Weiterbildungsanbieter nur einen „Dienst" am Lernen der Nutzer/innen tun können, die eigentliche Leistung aber durch die Lernenden selbst erbracht und das heißt: von ihnen auch gewollt werden muss. Das setzt auch voraus, dass Weiterbildung als persönlich sinnvoll erlebt wird.

Ansonsten aber hat die Kritik des organisierten Lernens in der Weiterbildung dort ihre Grenzen, wo sie Erwachsene gleich setzt mit Kindern, die man vor den Zwängen des Lebens bewahren muss. Der durchschnittliche Erwachsene kennt drückendere Zwänge als die der Bildung, die für ihn Kurzzeitpädagogik bedeutet, kein Anstaltsleben. Auch der Erwachsene lernt lieber lustvoll und abwechslungsreich, versteht aber auch, dass das nicht immer möglich ist. Sie/er hat in der Regel gelernt, sich selbst zu unterrichten, sich aber auch unterrichten zu lassen, also Wahlmöglichkeiten zu haben.

3.2.2 Welt- und Nutzenorientierung – ein weiterbildungsdidaktisches Modell

Jank und Meyer (2002) kommen bei ihrer genaueren Betrachtung der Modelle allgemeiner Didaktik zu dem überraschenden Schluss, dass sich die didaktischen und unterrichtstheoretischen Überlegungen in Deutschland in den letzten 20 Jahren sehr stark einander angenähert haben: Die Subjektposition und die Individualität der Lernenden werden stärker betont, ihre Eigenaktivität und ihre Beteiligung an den Zielsetzungen. Das gilt besonders auch für die Weiterbildung.

Ich komme nun zurück auf das Anliegen dieses Kapitels, zwar keine umfassende Theorie der Bildungsdienstleistung zu liefern, aber doch *ein vorläufiges didaktisches Planungs- und Entscheidungsmodell für die Angebotsentwicklung* vorzuschlagen, das für die gesamte Weiterbildung anwendbar erscheint. Dies dürfte sich nicht einseitig auf besondere fachdidaktische Aufgaben oder weltanschauliche Vorgaben bestimmter Weiterbildungsträger beziehen, sondern müsste übergreifende Gesichtspunkte der Angebotsplanung markieren. Dazu eignen sich Strukturmodelle, wie es etwa dasjenige der sogenannten lerntheoretischen Didaktik darstellt.

Dabei müssen allerdings Besonderheiten der Weiterbildung gegenüber Schule und Universität berücksichtigt werden, z.B. diese:

- Motivation zur und erhoffter Nutzen von Weiterbildung hängen unmittelbar mit der jeweiligen Lebenswirklichkeit zusammen.
- Hieran müssen Kursprogramme und Inhalte der Weiterbildung anschließen, sie können nicht vorgegebenen Lehrplänen entnommen werden.
- Weiterbildung muss in besonderem Maße bedarfsgerecht geplant werden, Nutzer (auch Auftraggeber) müssen deshalb schon im Planungsmodell eine besondere Rolle spielen.

Um diesen Besonderheiten Rechnung zu tragen, verbinde ich das Strukturmodell der „unterrichtstheoretischen Perspektive“ (s.o.) mit der Theorie der Curriculum-Revision von Saul B. Robinsohn (1971). Dies auch deshalb, weil meiner Beobachtung nach viele erfahrene Weiterbildner/innen ihre Planungen an einem ähnlichen Modell orientieren, ohne vielleicht den Namen Robinsohn je gehört zu haben.

Robinsohn hat seinen Denkansatz ursprünglich im Hinblick auf eine durchgreifende Schulreform entwickelt. Im Gegensatz zu vielen anderen Schulreformern ging es ihm darum, die traditionellen Inhalte der Schule auf den Prüfstand zu stellen bzw. moderne Lerninhalte zu finden, ohne den traditionellen Fächerkanon zu übernehmen. Dazu definiert Robinsohn Bildung als „Ausstattung zum Verhalten in der Welt“ (Robinsohn 1971, S. 13). Das heißt, der Zielpunkt von Lernen und Bildung liegt außerhalb der Bildungseinrichtungen und ihrer Lehrpläne. Zwar will die Schule nach einem alten Spruch immer schon für das Leben erziehen, die Lehrplangestaltung ist aber in der Regel davon ausgegangen, dass den tradierten Fächern oder Wissenschaftsdisziplinen ein besonderer Wert und Bildungsgehalt innewohnt, der aus sich heraus zur Persönlichkeitsbildung und zur Erkenntnis von Welt beiträgt. Wie aber ist aus dem Handeln in der Welt ein neuer Lehrplan oder ein einzelner Lerngang (Curriculum) zu gewinnen?

Robinsohn geht davon aus, dass die Herausforderungen der „Welt“ sich für die Menschen in bestimmten Situationen zeigen, die er als Verwendungssituationen bezeichnet (z.B. sich in einer ausländischen Großstadt orientieren und verständigen, eine Kunstausstellung mit persönlichem Gewinn wahrnehmen, bestimmte Arbeitssituationen und -anforderungen bewältigen). Vornehmste Aufgabe der Curriculumforschung und -entwicklung ist es nun, solche Verwendungssituationen zu finden und genauer zu analysieren. Es muss dann ermittelt werden, welche Qualifikationen nötig sind, um diese Situationen zu bewältigen. Daraus müssen die Inhalte abgeleitet werden, mit deren Hilfe die Lernziele bzw. die Qualifikationen oder Kompetenzen erreicht werden. Und schließlich ist zu fragen, mit Hilfe welcher Methoden und Medien diese Inhalte am besten vermittelt werden. Das Modell zur Gewinnung von Curricula ist bei Robinsohn also eine Art Ableitungsmodell, bei dem sich die jeweils untere Stufe gleichsam aus der oberen ergibt:

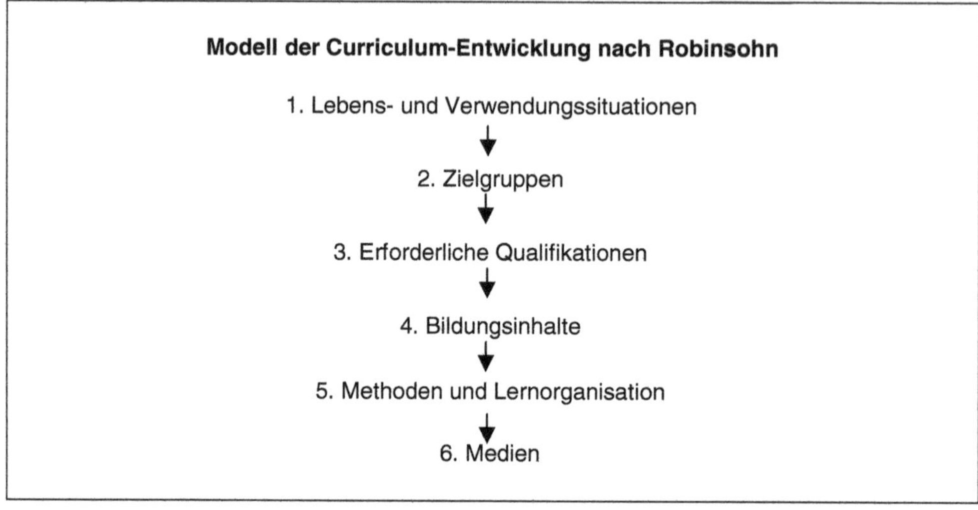

Bei den ersten Überlegungen zur Bildungsdienstleistung (Kap. 1.2) wurde zwischen „Prozessergebnis“ und „Folgeergebnis“ einer solchen Dienstleistung unterschieden, wobei als wünschenswertes Folgeergebnis der Anwendungserfolg in der Lebenspraxis bezeichnet wurde. Man könnte Robinsohns Ansatz zur Angebots- und Curriculumentwicklung deshalb auch als *Orientierung am erwünschten Folgeergebnis* interpretieren. Diese Zukunftssituation wird gleichsam antizipiert und dann der Weg dorthin als Bildungsangebot konzipiert.

Dies erscheint für die Weiterbildung deshalb so besonders sinnfällig, weil für Erwachsene – anders für Schüler – die *Verwendungssituationen* nicht in ferner Zukunft liegen, sondern unmittelbar vor Augen. Sie kommen meist aus einer „Lebenssituation“ mit starkem Anforderungscharakter oder haben solche Situationen vor sich, wie Veränderungen am Arbeitsplatz. Nicht immer sind solche „Soll-Situationen“ aber ganz präzise oder anschaulich zu beschreiben, wie schon die Frage nach der Bedarfsbestimmung gezeigt hat (Kap. 2.1.4). Bei den gemeinten Lebenssituationen kann es sich z.B. handeln um

- bereits erlebte, womöglich unzureichend bewältigte Situationen,
- künftige Situationen mit voraussehbaren oder auch schwer bestimmbaren Anforderungen,
- recht allgemeine Lebenslagen oder ein Bündel verschiedenartiger Lebensumstände, zu deren Bewältigung entsprechend allgemeine Kompetenzerwieterungen nötig erscheinen.

Je konkreter sich die Verwendungssituationen umreißen lassen, desto stärker wird dieser Aspekt die Gestaltung des Angebots bestimmen. Im Hinblick auf eine bevorstehende Studienreise nach New York erscheinen beispielsweise etwas englischsprachige Stadtkunde mit Hilfe anschaulicher Medien und elementare Alltagskonversation nützlicher als ein allgemein angelegter Englischunterricht oder die korrekte Beherrschung der grammatischen Formen.

Erscheint die mögliche Verwendungssituation noch zu allgemein (oder auch vielfältig), kann es Sinn machen, zunächst nach der *Zielgruppe* oder dem Adressatentyp zu fragen. Denn die Verwendungssituation und die Zielgruppe bedingen sich wechselseitig. Manchmal liegt das auf der Hand: Verkaufssituationen müssen eben von Verkaufspersonal bewältigt werden. Aber was könnten das für Menschen sein, die sich für Philosophie oder Sinnfragen interessieren? Sind sie auch irgendwie durch äußere Anstöße darauf gekommen oder müssen wir einen internen Bedarf, ein Bedürfnis nach Persönlichkeitsentwicklung annehmen? Den Begriff der Zielgruppe habe ich in Robinsohns Modell ergänzt, um die Bedeutung der Nutzer und ihrer Motivation herauszustellen. Robinsohn hätte das wahrscheinlich gefallen, denn sein Entwurf stellt eigentlich eine Ableitung von Curricula aus Bedarfssituationen dar.

Was mir an dem eigentlich simplen Curriculum-Modell von Robinsohn wegweisend zu sein scheint, wirkt heute vielleicht als Selbstverständlichkeit: die Ausrichtung auf die Welt außerhalb von Bildung, die Spitzenstellung der zu bewältigenden Lebenssituation und der Adressatengruppen mit ihren entsprechenden Bedarfen, an denen Angebotsplanung und -realisierung sich zu orientieren haben. Meines Erachtens ist dies aber genau der Grund, warum Robinsohns Reformvorschläge sich letztlich in der Schule nicht durchsetzen konnten. In der Weiterbildung wurden dagegen seit Ende der siebziger Jahre Begriffe wie „Verwendung“, „Lebenswelt“ und „Zielgruppen“ zu Orientierungsmarken der Planung.

Wenn Sie noch die Grafik aus dem vorigen Teilkapitel (3.1) in Erinnerung haben, dann werden Sie längst bemerkt haben, dass Robinsohns Aspekte der Konstruktion von Curricula dort bereits enthalten sind – allerdings in einer anderen Form. Während im Modell von Robinsohn ein klarer Ableitungsgang von der Welt mit ihren Situationen bis hin zur Entscheidung über Methoden und Medien vorgegeben ist, sind die Aspekte in meinem Modell der Angebots- und Curriculumentwicklung kreisförmig angeordnet, sie *stehen in wechselseitigem Bezug* zueinander, eine mögliche Reihenfolge ist durch die Bezifferung denkbar, aber nicht – wie bei Robinsohn – zwingend nahe gelegt.

Das hat theoretische und praktische Gründe.

Zum einen sind Verwendungssituationen oft nicht als solche zu erkennen und eindeutig zu definieren. Vielmehr werden sie häufig erst über die Beschäftigung mit der Zielgruppe oder im Lichte fachlicher und fachdidaktischer Überlegungen entdeckt: „Wenn ich diesen fachlichen Kompetenzbedarf bei bestimmten Zielgruppen einmal unterstelle: In welchen Praxiszusammenhängen werden diese ihr Können oder Wissen wohl anwenden oder zeigen müssen?“

Zum anderen entzünden sich Angebotsideen an ganz unterschiedlichen Aspekten. Das können Sie selbst überprüfen, indem Sie sich die Beispielideen A-D noch einmal ansehen: Wo und warum beginnt die Ideensuche nicht unbedingt bei der Verwendungssituation?

Bildungsplanung vollzieht sich nicht in einem voraussetzungslosen Raum. Deshalb ist es nicht selten, dass Ideen anders ansetzen, etwa bei der Verbesserung eines Kursprogramms, bei der eigenen Kompetenz, die man nutzen möchte, bei einer bisher vernachlässigten Zielgruppe oder einem methodischen Arrangement, das man immer schon mal ausprobieren wollte usw.

Auch zeigen die Strukturaspekte eine relative Autonomie. Die unteren Stufen des Robinsohnschen Modells lassen sich nicht glatt aus den oberen entwickeln. Jedes Mal ergeben sich alternative Möglichkeiten, über die entschieden werden muss; und diese Entscheidungen können wieder Rückwirkungen auf die Stufe darüber haben. Die Auswahl der Methoden ergibt sich beispielsweise nicht einfach aus den Fachinhalten, wie viele Fachleute irrtümlich glauben, sondern auch aus dem vorhandenen didaktischen Methodenrepertoire und aus der Aneignungsweise der Lernenden, die zunächst wenig zu tun hat mit der Inhaltsstruktur der Fächer. Das heißt, die einzelnen Aspekte enthalten ihre eigene Strukturlogik, die sich nicht einfach aus der Logik eines der anderen Aspekte ableiten lassen.

Deshalb habe ich vorgeschlagen, aus Robinsohns hierarchischem Ableitungsmodell ein *vernetztes Such- und Entwicklungsmodell* zu machen. Es enthält – ähnlich wie lerntheoretische Modelle – die Strukturelemente, über die bei nahezu allen Angebotsplanungen entschieden werden muss. Dabei muss zunächst keine bestimmte Reihenfolge eingehalten werden, weil alle Elemente in einem Wechselbezug stehen. Wenn die einzelnen Planungsentscheidungen gefallen sind, muss allerdings deren Stimmigkeit untereinander noch einmal überprüft werden. Führen Methoden und Medien eigentlich zu den Lernzielen? Wird damit der Bedarf der Zielgruppe (oder des Auftraggebers) angesprochen, werden die gewünschten Folgeergebnisse höchst wahrscheinlich ermöglicht?

Dieses kleine *Modell einer Angebots- und Dienstleistungsentwicklung* soll für die gesamte Weiterbildung anwendbar sein: im Hinblick auf unterschiedliche Bildungsinhalte, Angebotstypen und Organisationsformen, z.B. für einzelne Lehr-Lern-Einheiten ebenso wie für umfassende Lehrgänge, für ein Seminarangebot ebenso wie für ein Mehrkomponentenangebot (z.B. „blended learning") oder eine bloße Bildungsberatung, für professionelle Bildungsanbieter ebenso wie für informell Lernende. Jemand, der seinen Lernprozess mit Hilfe der Suchfragen des Modells selbständig organisieren möchte, müsste allerdings den Aspekt „Zielgruppe" ersetzen durch die Frage nach dem eigenen Lernbedarf und der eigenen Leistungsfähigkeit.

Dieser Blick auf das eigenständige Lernen verdeutlich zugleich, dass wir es beim professionellen Bildungsangebot mit *zwei Ebenen* zu tun haben:

- mit der Ebene der *Eigenleistung*
- und der Ebene der *Dienstleistung(en)*.

Das heißt: Bei der konkreten Ausfüllung des Planungsmodells geht es jeweils nicht nur darum, was der Anbieter tun wird, sondern zugleich um die Frage: Welche Eigenleistung der Nutzer/innen ist unverzichtbar, zumutbar, wünschenswert? Dies Frage ist besonders wichtig im Hinblick auf die Aspekte: Zielgruppe (Leistungsfähigkeit?), Lernziele (Teilziele in Eigenarbeit?), Methoden (Verhältnis von Eigenaktivität und Strukturierung?).

Ein Modell, das einen relativ großen Aufgabenumfang abdeckt, ist von Vorteil für denjenigen, der selbst vielfältige Planungs- und Entwicklungsaufgaben erledigen oder auch miteinander vergleichen muss. Es bringt notwendigerweise aber auch den Nachteil mit sich, im Hinblick auf einzelne Planungszüge oder spezielle Angebotsbelange nicht gehaltvoll genug zu sein. Das Modell enthält vor allem keine normativen Vorgaben, z.B. didaktische Prinzipien oder Regeln für „guten" Unterricht. Dies würde in das Aufgabenverständnis des Planers oder Anbieters eingreifen und damit die allgemeine Verwendbarkeit des Modells einschränken. Bei der konkreten Nutzung des Modells müssen aber eigene Sollens-Vorstellungen eingebracht werden, um Entscheidungen überhaupt fällen und für sich begründen zu können.

Das hier skizzierte *Modell einer Angebotsentwicklung* für die Weiterbildung stellt ein formales Modell aller Aspekte dar, über die bei der Planung zu entscheiden ist. Es ist so knapp gehalten und ohne normative Vorgaben, um es verwendbar zu halten für unterschiedliche Zielsetzungen, Inhalte, Ebenen und Angebotsformen von Weiterbildung. Es ist offen für bereichsspezifische Ergänzungen und Gewichtungen.
Im Gegensatz zur Schuldidaktik betont dieser Ansatz einerseits die Bedeutung des „Draußen", der Lebens- oder Verwendungssituation und der Zielgruppe, andererseits den Dienstleistungscharakter von Bildungsangeboten.

3.3 Von der Idee zur Konzeption

Nach diesem Exkurs zum didaktischen Hintergrund kehren wir jetzt zurück zur Planungspraxis. Nach der Ideensammlung geht es nun um den zweiten Schritt, den Konzept-Entwurf. Die Dienstleistungskonzeption oder das service design hat mehrere Funktionen. Die Konzeption

- trägt in der Phase der *Angebotsplanung* zur *Entscheidung* bei, ob der Angebotsentwurf erprobt werden soll;
- bildet eine *Grundlage für das Zustandekommen* der Maßnahme (u.a. durch Vereinbarung mit Lehrkräften, Angebotsausschreibung);
- unterstützt mit ihren Vorgaben die *Realisierung des Dienstleistungsprozesses;*
- kann als Soll-Kriterium für die *Evaluation und Verbesserung* der erprobten Dienstleistung (Ist-Stand) fungieren.

Eine durchdachte Konzeption ist ein Mittel zur Förderung von Angebotsqualität und zugleich ein Qualitätsnachweis. Insofern sollte für jedes Angebot ein nachvollziehbares schriftliches Konzept vorliegen.

3.3.1 Eine Konzeptvorlage

Auf den folgenden beiden Seiten wird eine *Konzeptvorlage* (Muster für ein Standard-Angebot) abgedruckt und deren *Handhabung* anschließend Schritt für Schritt erläutert.

Der *Strukturplan* soll deutlich machen, dass die geplante Dienstleistung wichtig und begründet erscheint und alle nötigen Strukturelemente (s. Modell der Angebotsentwicklung) in ihrem Zusammenhang bedacht worden sind. Der *Verlaufsplan* soll stichwortartig sichtbar machen, ob die angedachten Inhalte und Methoden in der geplanten Zeit zu *realisieren* sind.

Diese kurze Konzeptvorlage lässt sich selbstverständlich *erweitern*: um mehr Raum für Eintragungen oder Planungsalternativen sowieso. Sie lässt sich *konkretisieren* im Hinblick auf die Planung einer einzelnen Seminareinheit. Sie lässt sich *ausdifferenzieren* im Hinblick auf größere Projekte, die unterschiedliche Dienstleistungen oder Komponenten umfassen. Dazu muss die Vorlage u.U. mit Hilfe von Teilkonzepten ergänzt werden.

Zwischenaufgabe zu Kapitel 3.3:

Versuchen Sie – begleitend zur Lektüre –, ein Konzept für ein Angebot zu entwerfen. Verwenden Sie dabei eine eigene Idee oder greifen Sie ersatzweise auf ein bereits fertiges eigenes Konzept zurück, um die Art der Anlage zu vergleichen.

Konzeption/Design eines Bildungsangebots

I. Strukturplan

0. Thema/Titel

1. Lebens- und Verwendungssituation
Lebenshintergrund, Anforderungen der Praxis, Soll-Horizont

2. Zielgruppe/Bedarf
Merkmale, Motivation, Ist-Stand, mögliche Eigenleistungen

3. Lernziele/Qualifikationen
Ziele des Angebots; hauptsächliche Lernformen und -leistungen; mögliche Ergebniskontrollen

4. Inhalte/Themen

5. Organisationsform und Methoden
Veranstaltungsform/Zeit, Ablaufgliederung, Hauptmethoden

6. Lernort und Medien
virtuelle und besondere Lernorte, Bedarf an Hilfsmitteln/Medien

II. Verlaufsplan

Dienstleistung(en), Veranstaltungsform(en):

....

Besondere Teilleistungen, Komponenten:

....

Explizite Eigenleistungen:

....

Verlauf:

Uhrzeit	1. Tag	2. Tag	3. Tag
Vormittags			
Nachmittags			

Weitere Planungshinweise:

....

....

3.3.2 Planungsentscheidungen: Strukturplan und Verlaufsplan

Zum Strukturplan (I)

In der Konzeptvorlage finden Sie unter den Hauptpunkten bereits Stichworte zu den möglichen Angaben. Im Folgenden werden diese Hinweise ergänzt durch didaktische Erläuterungen, die jeweils am Ende, im Kasten „Reflexionsaufgaben“, zu Fragen für die eigene Planung zusammengefasst werden.

(1) Lebens- und Verwendungssituation (Wofür?)

Die Vorstellung von der Anwendung im Lebenszusammenhang ist eine produktive Grundlage jeder Planung zur Erwachsenen- und Weiterbildung. Die Notwendigkeiten und die Schwierigkeiten, die sich den Lernenden hier stellen könnten, begründen u.a. den Sinn und Zweck des Angebots. Damit wird ein Soll-Horizont bewusst gemacht, der dabei helfen kann, fachliche Ziele und Inhalte (Punkt 3 und 4) angemessener auszuwählen oder Methoden und Medien (Punkt 5 und 6) situationsgerechter einzusetzen (s. dazu auch Kap. 3.2.2).

Soweit solche Situationen vorgestellt oder sogar genauer untersucht werden können, wird es sich lohnen:

- die darin enthalten Problemstellung oder Aufgabe herauszuarbeiten,
- die dabei benötigten Kompetenzen vorläufig einzuschätzen,
- vor allem herauszufinden, in welcher Form sie in der Situation abverlangt bzw. gezeigt werden.

Bildungsanbieter, die ihre Angebote aufgrund von Bedarfsfeststellungen entwickeln, haben es hier leichter. Aber auch dabei können sich verwirrende Problemlagen zeigen.

So stieß ein Anbieter, der Lehrerfortbildungen für Lehrer mit vielen Schülern aus Migrantenfamilien vorbereiten sollte und auf Informationsveranstaltungen zu ethnischen Verschiedenheiten eingestellt war, auf ein für ihn verwirrendes Problembild: u.a. zu große Klassen, zu hoher Anteil der Migrantenkinder, zu viele verschiedene Kulturen und Sprachen, zu heterogener Sprach- und Leistungsstand, mangelnde Disziplin in höheren Klassen, Gewaltbereitschaft besonders bei männlichen Jugendlichen, Angst bei Lehrern vor Gewalt, aber auch Furcht vor befremdlichen Verhaltensweisen und Einstellungen, Enttäuschung über misslingende Verständigungsversuche, aber auch Hilflosigkeit gegenüber Versorgungsbedürfnissen bei einzelnen Schülern und Elterngruppen. Der Anbieter hatte zunächst Schwierigkeiten, ein Hauptproblem oder die zentrale Problemursache zu identifizieren und zu entscheiden, ob es sich eigentlich um ein Bildungsproblem handelt (oder etwa um eines der Schulorganisation). Oder sich umgekehrt zu fragen, welche Probleme denn durch Bildungsangebote (also durch ihn) zu bearbeiten wären und welche Probleme von anderen gelöst werden müssten.

Diese Problemidentifikation durch Situationsanalyse ist nicht nur Voraussetzung dafür, überhaupt ein Bildungsangebot machen zu können, sondern ihre Ergebnisse geben auch Hinweise auf die mögliche Gestaltung eines solchen Angebots. Käme man beispielsweise zu dem Schluss, dass es sich dabei wesentlich um Probleme des Verhaltens und der Verhaltensmöglichkeiten von Lehrern handelt, könnte man entsprechende Situationen simulieren, Trainings dafür anbieten usw. Käme man dagegen zu dem Schluss, die Probleme lägen eher im Bereich unzureichenden interkulturellen Wissens und Verständnisses, müsste man dazu geeignete Informationen und Orientierungsmöglichkeiten zur Verfügung stellen. Selbst wenn man zu dem Schluss käme, die Grundprobleme seien zunächst gar nicht vom einzelnen Lehrer zu lösen, könnte man Hilfestellungen dazu anbieten (z.B. Fallgeschichten sammeln und bewerten, Folgerungen argumentativ vertreten), wie Lehrer diese Probleme klarer unterscheiden, an Einzelfällen belegen und andere (Kollegium, Schulleitung) davon überzeugen könnten, dass und wie die Probleme angegangen werden müssen.

Soweit solche konkreten Situationsbeschreibungen nicht vorhanden sind, macht es durchaus Sinn, in Gedanken durchzuspielen, in welcher Form Lernergebnisse in der Verwendungssituation abgefordert werden, z.B. als besonderes Interesse und Motivation, als Wissen, Können, Problemlösefähigkeit, Einstellung usw., und was dies für Rückwirkungen auf die Gestaltung von Angeboten haben müsste.

Bei bester Vorstellungskraft wird man aber nicht für jedes Bildungsbedürfnis eindeutige Verwendungssituationen ermitteln können (und wollen). Das gilt insbesondere im Hinblick auf breites Grundlagenwissen und Interessen der Persönlichkeitsbildung. Wo man nicht von spezieller Verwertbarkeit ausgehen kann, kann es sinnvoller sein, zunächst nach dem Lebenshintergrund und damit der Zielgruppe zu fragen (s. nächster Punkt 2). Oft erweist sich der Kurs dabei nicht nur als Mittel zum späteren Zweck, sondern als Lern- und Anwendungssituation zugleich (Beispiel: im Chor singen, einen Roman interpretieren, politische Diskussion).

Reflexionsaufgaben zu Ihrer Kurskonzeption:

- Wofür soll gelernt werden, im Hinblick auf welche konkreten Arbeits- und Verwendungssituationen? Welche Folgeergebnisse soll das Angebot in der Lebenspraxis ermöglichen?
- Woher sind Aufschlüsse darüber zu bekommen, z.B. aus Aufträgen für die Maßnahme, aus Prüfungsordnungen, aus Arbeitsplatzbeschreibungen, aus Bedarfserkundungen, aus Erwartungsabfragen?
- Welche Problemstellungen und Anforderungen werden deutlich (Soll-Horizont)?
- Welche Kompetenzen sind zu ihrer Bewältigung nötig, in welcher Weise und unter welchen Bedingungen müssen sie in der Verwendungssituation gezeigt werden? Lassen sich daraus Schlüsse für die Gestaltung des Angebots ziehen?

(2) Zielgruppe/Bedarf (Für wen?)

Zielgruppen sind potenzielle Teilnehmende, die gewisse Merkmale gemeinsam haben: Englischinteressierte, Berufsrückkehrerinnen, Mitarbeiter einer Abteilung (vgl. dazu genauer Kap. 2.2.4). Neben allgemeinen Merkmalen (Alter/Geschlecht, Beruf/berufl. Entwicklung, ggf. soziale Lage/kulturelle Herkunft) sind vor allem Bildungsfaktoren von Interesse:

- Lernvoraussetzungen (Lernerfahrung, Lernfähigkeit, fachliche Kompetenz) als Grobzeichnung eines Ist-Standes
- sowie Bildungsbedürfnisse und Motivationen (als Pendant zu den „objektiven“ Anforderungen der Verwendungssituationen).

Die Kenntnis der gemeinten Gruppe kann eher hypothetisch oder schon relativ konkret sein: beispielsweise aufgrund von Vorerfahrungen mit ähnlichen Gruppen oder aufgrund von Bedarfserhebungen. (Liegt eine Bedarfserhebung vor, muss natürlich die gesamte Konzeptanlage zeigen, dass und wie sie sich darauf bezieht!).

Je geringer die bisherigen Kenntnisse über die gemeinte Gruppe sind, umso wichtiger erscheint, dass im Konzept festgehalten wird

- mit welchen Voraussetzungen man rechnet,
- auf welche Weise Erwartungen und Ist-Stand noch ermittelt,
- wie die Teilnehmenden an der endgültigen Zielsetzung beteiligt werden (s. auch Punkt 3).

Oft ergibt sich aus der näheren Kennzeichnung der Zielgruppe schon, welche Art von Unterstützungsleistungen vom Anbieter erbracht werden sollte, aber auch, wie belastbar die Adressaten erscheinen und welche Formen von *Eigenleistungen* ihnen grundsätzlich abverlangt werden können, welche Zeitressourcen dafür zur Verfügung stehen usw.

Reflexionsaufgaben zu Ihrer Kurskonzeption:

- Welche gemeinsamen Merkmale hat die gemeinte Zielgruppe, wie heterogen mag sie sein?
- Welche Kompetenzen, Lernvoraussetzungen, Lernschwierigkeiten (Ist-Stand) dürfen vorausgesetzt werden, mit welcher Lernbereitschaft, welchen Lernbedürfnissen ist zu rechnen? Liegt eine Bedarfsuntersuchung vor?
- Welche besonderen Unterstützungsleistungen für diese Gruppe sollte der Anbieter vorsehen, welche Eigenleistungen der Teilnehmer können erwartet werden? (s. dazu genauer Punkte 3/5)
- Falls noch zuviel unbekannt ist: Auf welche Weise können Bedarf, Erwartungen und Ist-Stand noch ermittelt oder Teilnehmer/innen an der Leistungsgestaltung beteiligt werden? (explizite Bedarfsermittlung, Eingangsberatung, Tests, Erwartungsabfrage im Kurs usw.)

(3) Lernziele, Qualifikationen (Wozu?)

Dieser Aspekt markiert die Schnittstelle zwischen den äußeren Anforderungen (spätere Verwendung, Auftrag, Zielgruppenerwartung) an das Angebot und seiner inneren Gestaltung. An dieser Stelle sollten die Ziele festgehalten werden, die durch das Dienstleistungsangebot tatsächlich erreicht werden können und sollen.

Sinnvolle Zielsetzungen haben die **Funktion:**
- das Angebot zielgerichtet zu planen und die gesamte Planung zu bündeln,
- Teilnehmer und Auftraggeber an der Zielsetzung beteiligen zu können,
- mögliche Teilziele auszumachen, die in besonderen Organisationsformen (z.B. Praktikum) oder in Eigenleistung (z.B. „Hausarbeit“) erbracht werden,
- den Stoff sinnvoll zu straffen (s. Punkt 4),
- den Fortschritt bzw. den Erfolg kontrollierbarer zu machen,
- einschätzen zu helfen, ob die Planung realistisch ist, d.h. ob die Ziele innerhalb der gegebenen Zeit und durch entsprechende Stoff- und Methodenwahl erreichbar sind.

Zur zielorientierten Arbeitsteilung
Die Lernziele können aus fachlichen und methodischen Gründen über das hinaus gehen, was Adressaten und Auftraggeber bisher bedacht haben (Punkt 2). Sie können aber auch knapper gefasst werden als das, was in Verwendungssituationen (Punkt 1) alles zu leisten wäre. Das konkrete Lernangebot muss sich – schon aus zeitlichen, aber auch aus didaktischen Gründen – auf möglichst wesentliche, exemplarische oder wirkungsvolle Lernprozesse und Gegenstände konzentrieren. Das heißt, durch die Zielsetzung muss deutlich und vereinbart werden, *welche Lernerfordernisse das Angebot genau abdecken soll* und welche Vorleistung ggf. mitgebracht wird. Anhand der Zielsetzung kann man auch klären, ob das Angebot aus nur einer Angebotskomponente (z.B. Seminar) besteht oder ob unterschiedliche Teilziele eventuell durch unterschiedliche Komponenten (z.B. Exkursion, CD-Rom) erfüllt werden. Zentral ist dabei die Frage, welche Ziele durch *explizite Eigenleistung* der Lernenden abgedeckt werden sollen (z.B. Durcharbeiten eines Studienbriefes, selbst organisierte Praxisphase usw.). „Explizit“ meint hier genau abtrennbare Leistungen im Gegensatz zu „impliziten“ Eigenleistungen wie Aufmerksamkeit, Mitdenken, Beteiligung, die stillschweigend vorausgesetzt werden.

Zur Formulierung von Lernzielen
Zielsetzungen von Bildungsdienstleistungen werden in der Regel in Form von Lernzielen formuliert. Lernziele geben an, was die Teilnehmenden am Ende des Lehr-Lern-Prozesses erreicht haben sollen. Man formuliert dieses „Endergebnis“, indem man einen *Gegenstand* benennt, der beherrscht werden soll, und ein *Verb im Infinitiv,* das die Art des Könnens bezeichnet (öfter auch mit einem Zusatz, der Art oder Grad des Könnens angibt).

	Gegenstand	***Verb*** des Könnens
(Die Teilnehmenden sollen) „Briefadressen		normgerecht abfassen" (können).

Die in Klammer gesetzten Angaben werden mitgedacht bzw. nicht bei jeder Lernzielangabe wiederholt.

Lernziele können für verschiedene Dimensionen des Wissens, Könnens sowie der emotionalen und sozialen Beteiligung formuliert werden. Dazu eine kleine Übersicht:

„Kopf"	Kognitive Dimension	kennen lernen, wissen, verstehen, analysieren, Zusammenhänge feststellen, bewerten, Probleme lösen
„Hand"	Psychomotorische Dimension	Handgriffe beherrschen, Bewegungen koordinieren, Handlungen ausführen...
„Herz"	Affektive und soziale Dimension	Interesse gewinnen, Freude am Lernen haben, andere akzeptieren, zusammen arbeiten

Abbildung 3.3:
Lernziel-Dimensionen

Beispiel:

Autofahren lernen

Die Straßenverkehrsordnung kennen. („Kopf")

Bewegungen synchronisieren (z.B. Gas geben/kuppeln.) („Hand")

Lust am fahrerischen Können haben. („Herz")

Die Anordnung der Verben in der rechten Spalte deutet an, dass Lernziele aufeinander aufbauen. Besonders für die kognitive Dimension ist das gut erforscht. Zum Beispiel setzt das Ziel des Problemlösens meist die vorangehenden Fähigkeiten voraus. Wenn sich die Lernziele aber nur in den Bereichen des „Kennen-Lernens" und „Wissens" bewegen, dann kann dies auch auf die Gefahr verweisen, dass das Seminar in einer relativ altmodischen Form der Stoffvermittlung stecken bleibt.

Eine deutlichere Unterscheidung der angestrebten Fähigkeitsgrade und der Dimensionen bei der Formulierung von Lernzielen stellt auch heraus, welcher Typus von Lernform und Lernleistung den Teilnehmenden hauptsächlich abverlangt wird: z.B. soziales Lernen oder kognitives, Gedächtnis- oder Beurteilungsleistungen usw. Das hat sowohl Folgen für die Methodik als auch für den möglichen Wert des Angebots, weshalb es auch Bestandteil der Angebotsplanung sein sollte (nicht erst der Feinplanung einzelner Stunden).

Lernziele sollten nach Möglichkeit mit dem Hinweis verbunden werden, woran und wie ihr Erreichen festgestellt werden kann. Die Angabe von Ergebniskontrollen ist zugleich ein gutes Kriterium, um sicherzustellen, dass die Ziele halbwegs realistisch und erreichbar sind. Dabei muss allerdings (wie beim Soll-Ist-Vergleich Kap. 2.1.4) unterschieden werden, wie genau das Erreichen der Ziele zu überprüfen ist, d.h. ob der Begriff der Kontrolle überhaupt angebracht erscheint. Grundsätzlich kann man zwischen Ergebnissen unterscheiden, die „objektiv“ überprüft werden können (z.B. Test), und solchen, deren Erreichen nur durch „subjektive“ Einschätzung (feed back, Zufriedenheitsbarometer usw.) festgestellt werden kann. Dazwischen liegt ein ganze Bandbreite unterschiedlicher „Kontrollmöglichkeiten“.

Alle genannten Möglichkeiten der Nutzung von Lernzielen – von der Lernzielpartizipation über die zielgerichtete Stoffauswahl bis zur Ergebniskontrolle – hängen allerdings davon ab, dass Lernziele nicht zu allgemein oder zu abstrakt formuliert werden. Das Problem lässt sich am Beispiel „Straßenverkehrsordnung“ oben erläutern.

Beispiel:
„Die Straßenverkehrsordnung kennen“, das könnte auch ein Leitziel für ein Weiterbildungsangebot sein. Was ist aber genau damit gemeint?
Wissen, was eine Straßenverkehrsordnung ist, wo man sie erhalten kann?
Wahrscheinlich eher: „die Straßenverkehrsordnung beherrschen“.
Aber was kann „beherrschen“ alles bedeuten? Die Straßenverkehrsordnung

(a) „auswendig können“ oder
(b) „häufig in Verkehrslagen auftretende Zweifelsfälle entsprechend der Straßenverkehrsordnung entscheiden können“ oder
(c) „sich im Straßenverkehr praktisch an die Straßenverkehrsordnung halten“?

Die verlangten (Lern-)Leistungen wären im Falle von

(a) Wissen wörtlich merken und erinnern;
(b) Zweifelsfälle erkennen und benennen, die Bestimmungen der Straßenverkehrsordnung sinngemäß zuordnen; (theoretisch) entscheiden, welches Verhalten den Bestimmungen der Straßenverkehrsordnung eher entspricht ;
(c) In konkreten Situationen des Straßenverkehrs die soziale und moralische Bereitschaft zum Einhalten der Straßenverkehrsordnung mit einem intuitiven Wissen um die Regeln und einem automatisierten fahrerischen Können angemessen koordinieren.

Wahrscheinlich ist (c) die den Alltagserfordernissen angemessenste Zielsetzung, aber auch die komplexeste, in der es zugleich um soziales und motivationales Lernen, um kognitives und psychomotorisches Lernen geht, und zwar in einer integrativen und damit anspruchsvollen Form.

Auch ein Angebotskonzept sollte mehr an Zielsetzung zu erkennen geben als die Nennung eines abstrakten Leitziels. Enthält es keine konkreteren Lernziele, zumindest beispielhaft, dann sind Nutzen und Realisierbarkeit des Angebots kaum einzuschätzen. Bei einer kürzeren Veranstaltung könnte man im Konzept durchaus alle zentralen Lernziele angeben; bei einer längeren oder komplexeren das umfassende Leitziel und einige konkretere Zielbeispiele als Erläuterung. Zum Beispiel: „Die Straßenverkehrsordnung beherrschen, d.h. beispielsweise wichtige Zweifelsfälle auf der Grundlage von Situationsskizzen entscheiden können, aber auch: bei einer 20-minütigen Stadtfahrt keine groben Verstöße gegen die Straßenverkehrsordnung zeigen (Lernzielkontrollen: schriftlicher Test, Probefahrt)“.

Zusammengefasst: Lernziele sind in erster Linie Planungsinstrumente, mit deren Hilfe der Veranstalter überprüft, ob seine Planungen zielgerichtet und realistisch sind. Erst durch Erwartungsabfragen und Vereinbarungen werden sie – ggf. mit bestimmten Veränderungen – auch zu Zielen der Auftraggeber und Lernenden. Dazu sollten sie – auch in einer ersten Konzeption – so konkret wie möglich formuliert werden. Rein formale Unterscheidungen von Leit-/Grob- und Feinzielen und „hochtrabende" Lernzielformulierungen sind dagegen wenig nützlich. Wird bei der Realisierung des Konzepts von den vereinbarten Lernzielen abgewichen, so muss das kein Fehler sein, sondern kann von Realitätssinn zeugen. Auch auf diese Möglichkeit müssten Auftraggeber hingewiesen werden.

Reflexionsaufgaben zu Ihrer Kurskonzeption:

- Welche Lernziele und Qualifikationen sollen mit Hilfe dieses Angebots konkret (!) erreicht werden?
- Welche Lernformen und Lernleistungen werden damit den Teilnehmenden hauptsächlich abverlangt? Hat das Folgen für die Methodik (Punkt 5)?
- Sind die Lernziele angemessen im Hinblick auf die Bedarfe, Voraussetzungen und Anwendungsziele der Zielgruppe?
- Sind sie realistisch, d.h. erreichbar im Hinblick auf Zeit, Stoffmenge, methodischen Aufwand und mögliche Eigenleistungen der Teilnehmenden? (Punkte 2, 4, 5 einbeziehen)
- Welche Formen der Ergebniskontrolle sind denkbar?
- Wie und wann werden die Zielsetzungen mit wem vereinbart? (vgl. Punkt 2)

(4) Inhalte/Themen (Was?)

Die denkbaren Inhalte des Lernens sind potenziell unendlich.

Gerade angesichts der heutigen Informationsflut ist es aber unabdingbar, genau zu prüfen, wozu was an Wissen tatsächlich gebraucht wird. Dazu kann beispielsweise der in Frage kommende Stoff mit Hilfe der Lernziele gekürzt oder ausgedünnt werden (didaktische Reduktion). Das kann nach bestimmten Prinzipien geschehen. Man stellt z.B. das besonders Grundlegende, das Aktuelle, das Motivierende oder das Exemplarische (das Beispielhafte, an dem man das Wesen der Sache veranschaulichen oder durchspielen kann) in den Vordergrund.

Fachkräfte, die keine geübten Lehrkräfte sind, neigen dazu, den gesamten Stoff präsentieren zu wollen. Sie begründen das mit der Eigenlogik des Faches. So verlaufen Fortbildungen für Juristen gar nicht selten so, dass Gesetzesneuerungen in einem bestimmten Bereich (z.B. Mietrecht) einen ganzen Tag lang vorgetragen und erläutert werden. Das mögliche Problem für das Bildungsmanagement: Sinnvolle Stoffkürzungen können letzten Endes auch nur durch eine Fachkraft vorgenommen werden. Ist man selbst dazu nicht in der Lage, kann man aber kritische Rückfragen an das vorgelegte Konzept stellen. Dies bietet sich vor allem an, wenn die Inhalte nur stichwortartig aufgezählt werden oder ein Blick in die Methoden (Punkt 5) oder den Verlaufsplan nicht erkennen lässt, wie die Inhalte eigentlich vermittelt werden sollen.

Reflexionsaufgaben zu Ihrer Kurskonzeption:

- Welche Inhalte werden vermittelt? Auf welche aktuellen Quellen stützt sich diese Auswahl (z.B. ein Lehrbuch, ein Curriculum der IHK, auf wissenschaftliche Ergebnisse)?
- Ist die Inhaltsauswahl deutlich an den Lernzielen orientiert?
- Welche Möglichkeiten der Reduktion sind dabei zum Tragen gekommen? Z.B.: Teilnehmervoraussetzungen/-interessen, Hervorhebung grundlegender, exemplarischer oder aktueller Inhalte; Anwendungsnähe (auch Prüfungsrelevanz) usw.

(5) Organisationsform und Methoden (Wie?)

Eine andere methodische Umsetzung der Juristenfortbildung oben könnte etwa so aussehen:

„Tagesseminar: Das neue Mietrecht
(1) Kurzvortrag zu den wichtigsten Neuerungen im Mietrecht
(2) Lösung von Fallbeispielen in Gruppen
(3) Rückfragemöglichkeit im Plenum
(auch zu bisher nicht behandelten Aspekten)."

Wünschenswert wären noch eine Begründung der Abfolge (s.u.) und der Hauptmethoden: „Die Lösung von Fällen ist eine typische Arbeitsweise von Juristen. Die Methodenkonzeption ist deshalb handlungs- und anwendungsorientiert. Sind die Änderungsprinzipien an exemplarischen Fällen deutlich geworden, kann von einem sichereren Umgang mit dem neuen Recht und mit weiteren Fällen in der eigenen Praxis ausgegangen werden."

Im Hinblick auf den konzeptionellen Aufriss einer ganzen Veranstaltung (unsere Aufgabe hier!) sind kleine methodische Schritte der Durchführung nicht so wichtig, sondern vor allem:

- die Festlegung der **Organisations- oder Veranstaltungsform** einschließlich des Zeitumfangs (im Beispiel: Tagesseminar);
- die **Methodenkonzeption** bzw. die Hauptmethoden, vor allem diejenigen, durch die das aktive Lernen der Teilnehmenden unterstützt wird (im Beispiel: Methodenkonzeption: Handlungsorientierung durch Fallbeispiele; Hauptmethoden: Gruppenarbeit am Fall, Kurzvortrag, Rückfrage/Diskussion im Plenum);
- möglichst auch eine **Ablaufgliederung** oder eine Lernschrittfolge (im Beispiel: Informationsangebot – Erarbeitung durch Teilnehmende – Ergebnissicherung) – und kurze Begründungen dafür.

In diesem Zusammenhang können wir natürlich nicht alle denkbaren Methoden und ihre Unterscheidungsmöglichkeiten behandeln. Um Methoden überhaupt *unterscheiden* zu können, finden Sie im Anschluss an diesen Abschnitt eine knappe, gegliederte Übersicht zu Methoden und Medien. Wenn Sie diese Übersicht in der Horizontalen lesen, finden Sie Unterscheidungen, die in der Praxis zusammen auftreten: Im Hinblick auf jede Lehr-Lern-Phase muss entschieden werden, in welcher Sozialform man arbeiten will, wie gehandelt werden soll und ggf. mit welchen Medien (z.B. in der Eingangsphase ein Partnergespräch zu Kurserwartungen, dessen Ergebnisse auf Karten festgehalten werden). In der Vertikalen finden Sie Möglichkeiten, die einzelnen Methodenarten zu unterscheiden bzw. zu füllen (wobei nur eine Möglichkeit der Phasengliederung erwähnt wird und die Vielfalt der Aktionsformen natürlich reduziert werden musste).

Wann? Lehr-Lern-Phasen	**Wer mit wem? Sozialformen**	**Wie? Aktionsformen**	**Womit? Medien**
(Einstieg) ↓ Darbietung ↓ Erarbeitung ↓ Integration (Ergebnis, Anwendung) ↓ (Auswertung) = eine Möglichkeit von vielen	Einzelarbeit Partnerarbeit Gruppenarbeit Plenum	**Präsentationsformen**, z.B. Vortrag Vorführung Demonstration **Interaktionsformen**, z.B. Lehrgespräch Rundgespräch Diskussion Moderation **Aneigungs- und Erkundungsformen**, z.B. Ermitteln, Untersuchen Lesen, Schreiben Üben, Durcharbeiten Problemlösen **Spezielle, definierte Verfahren**, z.B. Blitzlicht, Brainstorming, Partnerinterview, Rollenspiel, Feedback, Methode 66, Test	**Materielle Träger:** Tafel, Pinwand, Arbeitsblätter, Projektor, Videokamera, Fernsehgerät, CD, PC ... **Darstellungsmöglichkeiten** (vorgefertigte oder offene): Real (Arbeitsgerät) Auditiv (Musik, Geräusche) Visuell (Zeichnung, Film) Symbolisch (Sprache, Formeln) **Zur Unterstützung von Präsentation, Interaktion, Aneignung** (s.Aktionsformen links)

Abbildung 3.4:
Unterscheidungsmöglichkeiten bei Methoden

Eine andere Frage, die hier gar nicht behandelt werden kann, ist die, nach welchen Kriterien *Methoden ausgewählt* werden. Denkbar sind u.a. etwa : von der Sache, vom Ziel, von der Lernprozess-Phase, von der Zielgruppe, von der Methodenkonzeption her (beispielsweise informationsorientierte oder handlungsorientierte Konzeption), aus Gründen der Abwechslung usw.

Wichtig ist mir allerdings, das häufige Missverständnis zu beseitigen, bei didaktischen Methoden handele es sich um bloße Instrumente oder gar um „Tricks", mit deren Hilfe die Teilnehmer irgendwie in Bewegung gehalten werden.

Didaktische Methoden eröffnen vor allem den Lernenden Ansätze zur Aneignung, auch zum Arbeitskontakt mit dem Gegenstand und den Mitlernenden. Es gibt speziellere, genauer definierte didaktische Methoden (z.B. Impulsvortrag, Rollenspiel, Leistungstest). Häufig werden aber auch Präsentations-, Interaktions- und Aneignungsformen verwendet, die man schon aus anderen Lebenszusammenhängen kennt (Beispiel: Diskussion). Zu didaktischen Methoden werden diese Kommunikationsformen dadurch, dass man sie mit deutlichen Lernzielen oder Teilzielen versieht (s. Punkt 3) und darauf hinarbeitet. Geschieht dies nicht, liegt die Gefahr von Stammtisch-Unterhaltung oder unkreativer Verspieltheit nahe.

Reflexionsaufgaben zu Ihrer Kurskonzeption:

- Welche Veranstaltungs- oder Organisationsform mit welcher zeitlichen Beanspruchung erscheint den Zielen und der Zielgruppe gegenüber als angemessen?
- Mit welchen Methoden (Sozial- und Aktionsformen) wird hauptsächlich gearbeitet? Werden sie zielgerichtet und teilnehmerorientiert eingesetzt?
- Wird methodisch versucht, die Eigenaktivität und das selbständige Lernen anzuregen und zu begleiten?
- Kann eine Methodenkonzeption benannt werden, die u.a. den Verlaufsplan gliedern hilft? Z.B. vom Einfachen zum Schwierigen, vom Teil zum Ganzen oder umgekehrt, vom Bekannten zum Unbekannten, von der Motivation über das Wissen zum Können usw.

(6) Lernort und Medien (Wo? Womit?)

Methoden und Medien zu unterscheiden, ist nicht immer ganz leicht. Innerhalb eines herkömmlichen Seminarangebots werden Medien ohnehin meist als methodische „Hilfsmittel“ eingesetzt. In unserer heutigen Medienwelt sollten wir den Medien, alten wie neuen, aber einen selbständigeren Rang zubilligen. Umfassender versteht man unter Medien: *Formen oder Mittel der Begegnung mit Wirklichkeit* (oder: der Konstruktion von Wirklichkeit).

So ist es zweifellos ein Unterschied bei der Wirklichkeitsbegegnung, ob man sich Informationen über die Natur mit Hilfe eines Folien-Vortrags, eines Dokumentarfilms, einer Computersimulation oder eines Parkbesuchs aneignet.

Inzwischen wird uns klarer, dass Medien nicht nur Lehr-Lern-Prozesse zusätzlich unterstützen, sondern gleichsam zum Träger des Geschehens werden können, wenn etwa mit Hilfe des Internets interaktiv gelernt wird. Zugleich lernen wir daraus, dass auch der Seminarraum mit der Möglichkeit der Gruppenpräsenz ein Trägermedium darstellt. Und immer öfter werden auch andere Lernorte aufgesucht (z.B. der Arbeitsplatz, eine Ausstellung, eine ganze Stadt), weil sie eben einen bestimmten medialen Charakter haben, der näher an die „Wirklichkeit“ oder eine bestimmte Anschauungsmöglichkeit heranführt.

Im Hinblick auf die Planung eines Angebots ist die Angabe des benötigten Ortes oder Raumes mit einer bestimmten Ausstattung sogar vorrangig. Besondere Räume, Ausstattungen, Hilfsmittel sollten begründet werden, nicht nur wegen des organisatorischen Aufwandes, den sie meist mit sich bringen, sondern im Hinblick auf den didaktischen Vorteil, den sie dem Angebot hinzufügen.

Die Methodenübersicht auf Seite 101 enthält in der rechten Spalte auch eine knappe Unterscheidung von Medien als technischen Hilfsmitteln. Dabei unterscheidet man einmal zwischen dem materiellen Träger (z.B. Tafel, PC) und den Darstellungsmöglichkeiten, die sie eröffnen (ggf. in Verbindung mit Software). Zum anderen unterscheidet man didaktische Funktionen von Medien im Hinblick auf Präsentation, Interaktion und Aneignung. Bei häufig verwendeten Medien ist es sinnvoll, diesen didaktischen Einsatz mit anzugeben.

Reflexionsaufgaben zu Ihrer Kurskonzeption:

- Welcher Ort, welches Trägermedium wird für das Angebot vorgesehen? Begründung bei Besonderheiten
- Welche Hilfsmittel sollen eingesetzt werden? Ständig, gelegentlich, mit welcher Funktion?
- Wieweit dienen die Medien den Zielen des Angebots, was tragen sie zum Lernen und zur Aktivierung der Teilnehmenden bei?
- **Stimmigkeitsprüfung:** Bevor Sie den Strukturplan abschließen: Haben die vorgesehenen Maßnahmen einen Zusammenhang, folgen sie einem „Prinzip"? Werden die Lernziele dadurch erreicht, die Bedarfe erfüllt?
- **Flexibilität/Variabilität:** Werfen Sie bisher angedachte Planungsalternativen nicht gleich in den Papierkorb, sondern überlegen Sie, für welche Aspekte und Phasen der Durchführung es sinnvoll sein könnte, schon jetzt Gestaltungsalternativen bereit zu halten.

Zum Verlaufsplan (II)

Der Verlaufsplan beginnt mit einer Art ***Resümee der Hauptleistungen***, die sich aus dem Strukturplan ergeben und Folgen für die Organisation und den Verlauf der Realisierung haben.

Dazu gehört vor allem die Angebotsform bzw. die Art der ***Dienstleistung***. In der Vorlage ist das ein „mehrtägiges Seminar". Würde man mit dem Nutzer eine vorhergehende Bedarfserhebung vereinbaren, könnte man zusätzlich beispielsweise „kooperative Bedarfserhebung" eintragen. Auch der Zeit- und Verlaufsplan müsste dann ergänzt werden. (Nicht festhalten würde man Standardleistungen, die untrennbar mit dem Kursangebot verbunden sind, z.B. eine kostenfreie und übliche Angebotsberatung.)

Alle Entscheidungen des Strukturplans, vor allem die Punkte 3–6, führen zu Teilleistungen, aus denen sich die gesamte Dienstleistung (oder zumindest ihr fachlich-didaktischer Teil) ergibt. Als ***„besondere Teilleistungen"*** würde man nur solche festhalten, die nicht ganz üblich sind und besondere Folgen für den Ressourcenbedarf, die Durchführungsorganisation, den Raum-Zeitplan, die Preisgestaltung oder das Marketing haben könnten. Dazu gehören z.B. Technikbedarf, außergewöhnliche Lernumgebungen, unterschiedliche Lernorte bzw. Raumwechsel oder unterschiedliche Komponenten, z.B. Wechsel zwischen Präsenzunterricht und CD-Rom- oder Internet-Angebot usw. Auch das müsste sich im Verlaufsplan niederschlagen; darüber hinaus hilft es dabei, im Hinblick auf das Marketing eine besondere „Dienstleistungsqualität" (vgl. Kap. 1.3.1) zu akzentuieren.

Ähnlich sollte mit *„Expliziten Eigenleistungen"* verfahren werden. Als explizit haben wir oben solche Nutzerleistungen bezeichnet, die sich nicht wie selbstverständlich aus der Teilnahme am Lehr-Lern-Prozess ergeben, sondern zusätzlich erbracht werden bzw. auch ausdrücklich vereinbart werden. Das könnte die Bereitstellung von Räumen oder Technik durch einen institutionellen Auftraggeber sein, das vorherige Durcharbeiten eines Buches oder eines Studienbriefes durch die Teilnehmer, ihre begleitende Übung mit Hilfe eines CBT usw. Vor allem eine umfangreiche Eigenarbeit des Teilnehmers muss auch im Verlaufsplan vermerkt werden, da sie Zeit für die gemeinsame Veranstaltung spart bzw. deren Gelingen erst realistisch erscheinen lässt.

Insgesamt geht es an dieser Stelle allerdings noch nicht um die formelle Umsetzung des Angebots in eine Durchführungsorganisation (etwa in Form dienstlicher Anweisungen), sondern um eine Vorstellung der wichtigsten Realisierungsbedingungen, die sich aus der Konzeption ergeben und die es leichter machen, die Tragfähigkeit, Realisierbarkeit, Attraktivität des Angebots vorab einzuschätzen.

Der ***Verlaufsplan*** für das Standardangebot einer Seminarveranstaltung besteht üblicherweise aus einer Art „Stundenplan". Für jede Zeiteinheit werden stichwortartig geplante Inhalte und hauptsächliche Vermittlungsmethoden eingetragen, der Umfang der Zeiteinheiten sollte selbst festlegt werden (z.B. 90 Minuten). Wichtig ist, dass das Verhältnis von Stoffmenge, Vermittlungsweise und dafür eingeplanter Zeit aufs Ganze der Veranstaltung gesehen zum Ausdruck kommt, so dass die Realisierbarkeit des Plans einzuschätzen ist. Dazu reicht es beispielsweise nicht, die behandelten Stoffe/Themen einzutragen, weil der Zeitbedarf mindestens ebenso sehr von den dazu gewählten Vermittlungsmethoden abhängt. So kann man viel mehr Stoff in Form von Vorträgen „loswerden" bzw. in eine Veranstaltung pressen als in Formen von aktiver Erarbeitung durch die Teilnehmer. Wobei die „Zeitersparnis" im ersten Fall höchstwahrscheinlich mit einer völligen Überlastung der Lernenden erkauft wird.

Die Schlussbemerkung *„weitere Planungshinweise"* markiert eine Leerstelle, die unterschiedlich gefüllt werden kann, z.B. durch angedachte Planungsalternativen (s.o.), durch Hinweise auf den Zusammenhang mit andern Planungen und Modulen oder mit Folgerungen für die Durchführungsorganisation bzw. andere Mitarbeiter usw.

Varianten zur Konzeptvorlage:
In diesen Erläuterungen ist immer wieder auf mögliche Varianten der (Verlaufs-) Planung jenseits von Standardangeboten hingewiesen worden. Es könnte sich allerdings auch eine Planungssituation ergeben, bei der das gedachte Angebot eine solche Konzeptvorlage sprengen würde, weil allzu unterschiedliche Komponenten oder Dienstleistungen hineingenommen werden müssen. Ob man bei *einem* Konzept-Papier bleibt oder Unterkonzepte und damit ein komplexes Dienstleistungsdesign verfasst, kann man wahrscheinlich anhand der Überlegung entscheiden,

- ob es sich bei dem gedachten Angebot noch um eine *einheitliche Dienstleistung* handelt, die unter *ein* Lernziel subsummiert werden und nur als ganze angeboten bzw. gewählt werden kann,

- oder ob es um einen *Leistungsmix* geht, der unterschiedliche Leistungsarten mit unterschiedlichen Verantwortlichkeiten und unterschiedlichen Zielsetzungen (z.B. Bedarfsermittlung, Lehren, Praxisbegleitung, Exkursion) umfasst, die prinzipiell auch als voneinander unabhängige Dienstleistungen angeboten werden könnten, auch wenn sie hier zu einem übergreifenden Zweck bzw. für einen bestimmten Nutzer „zusammengespannt" werden.

Im ersten Fall empfiehlt sich meist ein einheitliches Konzept nach Art unserer Vorlage, ggf. mit dem Einbau von Varianten. Im zweiten Fall ist es meist übersichtlicher, knappe Unterkonzepte für die einzelnen Komponenten bzw. Dienstleistungen zu schreiben, die sich vielleicht stärker auf die Punkte 3–6 unseres Modells beziehen. Und dazu eine Art Deckblatt mit übergreifenden Zielsetzungen (Punkte 1–3) und einer Übersichtsskizze der einzelnen Komponenten abzufassen. Oft hilft es bei der eigenen Planung, wenn man sich vorstellt, man müsse die Planung so anlegen und gliedern, dass man sie einem potenziellen Auftraggeber daran gut erläutern kann. Zwar ist unsere Vorlage zunächst für den internen Gebrauch bzw. die beteiligten Fachleute gedacht, es lassen sich daraus aber relativ schnell auch ansprechende vorzeigbare Angebotsunterlagen entwickeln.

3.4 Tragfähigkeit der Konzeption und Umsetzungsbedingungen

Wir haben Ideen gefunden und eine Konzeption entworfen. Wo stehen wir nun innerhalb der Angebotsentwicklung (vgl. Sie dazu den Überblick über die Schritte der Angebotsentwicklung zu Beginn des Kapitels)?

Wir stehen kurz vor dem Abschluss der Angebotsplanung i.e.S., unser nächster Schritt ist die kommunikative Prüfung und Bewertung der Konzeption, um zu entscheiden, ob das Angebot realisiert bzw. praktisch erprobt werden soll. Abgesehen von spezifischen Maßstäben des jeweiligen Anbieters sind dazu in der Regel folgende *Angebotskriterien* zu bedenken und entscheiden:

1. die Qualität der Konzeption,
2. der Beitrag zu Programmpolitik und -profil,
3. ein hinreichender Bedarf,
4. der Gestaltungsaufwand und die Ressourcen-Erfordernisse.

(1) Die Güte oder Tragfähigkeit einer Bildungskonzeption beruht vor allem auf drei Punkten:

- auf einer überzeugenden Begründung für das Projekt, insbesondere hinsichtlich seines Nutzens oder seiner Attraktivität für relevante Abnehmer (s. Strukturplan 1–3),
- auf einer inneren Stimmigkeit des vorgeschlagenen Lernarrangements (s. Strukturplan 3–6)
- und seiner denkbaren Realisierbarkeit (s. besonders Verlaufsplan).

(2) Jedes einzelne Angebot muss zum Charakter und Programmprofil des Bildungsanbieters und zu den aktuellen Zielen seiner Programmpolitik passen (vgl.

Kap. 4). Ein Angebot kann noch so gut oder auch reizvoll sein, wenn es ein Unikat im Gesamtprogramm darstellt, so wird es darin „untergehen“, ggf. von potenziellen Interessenten gar nicht erst gefunden werden. Dabei muss das bisherige Profil nicht unbedingt der entscheidende Maßstab bleiben. Ein interessantes neues Angebot kann bei hinreichender Tragfähigkeit auch umgekehrt eine Veränderung der Geschäftsfeld- und Programmpolitik einleiten. Vor allem dann, wenn die Neuerung als Wettbewerbsvorteil angesehen werden kann.

(3) Zur Ermittlung des Bedarfs ist in diesem Studientext schon genügend gesagt worden. Auch dass es von der Angebotspolitik bzw. der Angebotsstrategie abhängt, ob die Bedarfsanalyse eher dem Angebot voraus- oder ihm nachgeht. Innerhalb der Angebotsentwicklung geht es nun um die Vergewisserung, ob man soviel zum vorliegenden Bedarf weiß oder eine so überzeugende Bedarfshypothese hat, dass das Konzept in die Erprobung gehen kann. Häufig weiß man natürlich auch erst aufgrund eines Konzeptentwurfs, auf was man eigentlich bei der Bedarfsanalyse besonders achten müsste.

(4) Zum Abschluss dieser Prüfung wird überlegt, ob die vorhandenen oder zu gewinnenden Ressourcen für seine Umsetzbarkeit sprechen. Vor allem der Gestaltungsaufwand, wie er beispielsweise in den „besonderen Teilleistungen“ des Verlaufsplans zum Ausdruck kommt, muss durch vorhandene oder zu erwartende Ressourcen gedeckt sein. Die nötigen Ressourcen können personeller(a), sächlicher (b) und finanzieller Art (c) sein.

(a) *Personelle Ressourcen*: Eine Konzeption steht und fällt in den meisten Fällen mit den Menschen, die sie praktisch umsetzen werden. Dazu gehört in erster Linie die geeignete Lehrkraft. Steht der Verfasser der Konzeption selbst nicht zur Verfügung, so müssen die erforderlichen Kompetenzen benannt und die entsprechende Kraft muss durch Ausschreibung oder Personalentwicklung/Fortbildung gewonnen werden.

(b) *Sächliche Ressourcen*: Dazu gehören vor allem die aufgrund der Konzeption erforderlichen Räume, Ausstattungen und Medien.

(c) *Finanzielle Ressourcen:* Bei einer ersten Kosten-/Ertrags-Schätzung kann von bisherigen Erfahrungswerten ausgegangen werden. Darüber hinaus sollte gefragt werden: Verursacht die Neueinführung Kosten jenseits des Üblichen, auch im Hinblick auf Marketingmaßnahmen? Kann man solche Kosten im Hinblick auf später zu erwartende Einnahmen oder im Hinblick auf symbolische Gewinne, z.B. Imageerhöhung, in Kauf nehmen?

Grundsätzlich sollte also am Schluss dieser Prüfung und Bewertung der Angebotskonzeption feststehen,

(1) dass die Konzeption Qualität hat und für eine Realisierung tragfähig zu sein scheint,
(2) dass das Angebot zum Programmprofil und zur Programmpolitik passt oder bewusst einen neuen Schritt innerhalb der Programmpolitik eröffnet,
(3) dass hinreichend Bedarf nachgewiesen oder höchst wahrscheinlich zu wecken ist,

(4) welche – grob überschlagen – personellen, sächlichen und finanziellen Ressourcen für Marketing und Realisierung des Angebots erforderlich sind und ob diese im Prinzip bereitstehen.

Eine negative Antwort auf eines der Prüfkriterien muss natürlich noch nicht das „Aus“ für das Konzept bedeuten, sondern kann zur Erhöhung der Qualität, zum Überdenken der Programmpolitik, zur Intensivierung der Prognosemöglichkeiten oder zur Reduktion des Gestaltungsaufwandes führen.

3.5 Ausblick: Angebotsrealisierung und -verbesserung

Nachdem die drei Schritte der Angebotsplanung durchlaufen sind (Ideenfindung, Konzeption, Tragfähigkeit), werfen wir noch einen kurzen Blick auf die Schritte der Angebotsrealisierung (vgl. S. 75), soweit sie für die weitere Angebotsentwicklung besonders relevant erscheinen.

Schritt 4: Angebote bereitstellen und kommunizieren
Hier wird es darum gehen, das Konzept und die festgestellten Umsetzungsbedingungen organisationsintern in Ablaufsicherungsmaßnahmen umzusetzen und das Angebot extern mit dem möglichen Publikum zu kommunizieren. Es eröffnen sich also Schnittstellen zur Ablauforganisation und zum Marketing (einschließlich Beratung).

Schritt 5: Lehr-Lern-Prozesse gestalten und durchführen
Die Hauptverantwortung für das Gelingen dieses Prozesses liegt bei den Prozessorganisatoren, meist also den Lehrkräften. Wieweit diese unterstützt werden durch Zuarbeiten, eventuell sogar durch Supervision oder Hospitation, ist wohl je nach Angebot und Organisationskultur unterschiedlich.

Schritt 6: Lernergebnisse und Angebote evaluieren
Dieser Aspekt der Angebotsrealisierung ist der wichtigste für die weitere Entwicklung des Angebots. Selbstverständlich geht es zunächst einmal um die Sicherung des Erfolgs für Teilnehmer/innen und Auftraggeber (zu den Möglichkeiten der subjektiven und objektiven Überprüfung s.o.). Gerade bei neuen Angeboten empfiehlt sich aber eine Gesamtauswertung des Angebots, um entscheiden zu können, ob es beibehalten oder weiterentwickelt werden soll. In diese Auswertung sollten mehrere Phasen der Leistungserbringung einbezogen werden, zum Beispiel:

- *Teilnehmerberatung*: Welche Rückfragen/Zweifel müssten u.a. zu einer Verbesserung der Angebotspräsentation und -konzeption führen?
- *Prozess- und Passungsprobleme*: Übereinstimmung zwischen Bedarfsannahmen und konkreten Erwartungen? Notwendigkeiten, vom Konzept abzuweichen und „nachzusteuern“? Sinnvolle Zusatzleistungen?

- *Ergebnisse i.w. S.*: Grad der Zielerreichung; Zufriedenheit – Unzufriedenheit; Teilnehmerschwund, Kostendeckungsgrad; Folgeergebnisse (Zufriedenheit des Auftraggebers, Leistungssteigerung am Arbeitsplatz z.B.).

Je aufwändiger ein Angebot erscheint und je häufiger es wiederholt werden soll, umso mehr lohnt es sich, auch seine Evaluation aufwändiger zu betreiben und ggf. Rückmeldesysteme dafür einzurichten (z.B. Beschwerdetelefon/Hotline).

Beispiel:

Als Beispiel der Bedeutung aufwändigerer Evaluationen sei noch einmal der EU-Sekretärinnen-Lehrgang herangezogen (Kapitel 2.2.2, Kap. 3.1 B)

Obwohl alle Leistungsergebnisse des ersten durchgeführten Lehrgangs sehr positiv ausfielen und relativ hohe Anstellungsquoten nachgewiesen werden konnten, wurde das Angebot im Hinblick auf einen zweiten Durchlauf doch relativ stark verändert. Und dies vor allem aufgrund der Erhebung der subjektiven Einschätzungen der Teilnehmerinnen.

Diese wurden neben und nach dem Lehrgang mit Hilfe von drei Interviewwellen ermittelt. Dabei äußerten sich die Teilnehmerinnen erstens zur Vereinbarkeit von Lehrgang und persönlicher Situation, zweitens zu Anforderungen im Lehrgang und drittens zur Wieder-Einmündung in das Berufsleben. Daraus schlossen die Veranstalterinnen, dass der Erfolg des Lehrgangs auch dem „Pioniergeist" oder der ersten Begeisterung von Lernenden und Lehrenden zu verdanken war, was aber nicht ohne weiteres auf ein zukünftiges Standardangebot zu übertragen sei. Diese Einschätzung ergab sich aus der hohen Arbeitsverdichtung, die die Teilnehmerinnen an die Grenzen ihrer Belastungsfähigkeit brachte: dicht gepackte unterschiedliche Module (in der zweiten Fremdsprache mussten nicht wenige Teilnehmerinnen innerhalb von neun Monaten von Null auf das Niveau einer Fremdsprachenkorrespondentin kommen), auch individuelle Fördermaßnahmen erhöhten den Arbeitsdruck, sowie Hausaufgaben mit Nacht- und Wochenendarbeit und die gleichzeitige Betreuung der Familie oder der Kinder.

Aufgrund dieser Evaluation wurde trotz der hohen Erfolgsquote und der guten Atmosphäre im Lehrgang einiges für den zweiten Durchlauf geändert: u.a. eindeutigere Leistungsvoraussetzungen, ergänzende Angebote: z.B. Betriebspraktikum im Ausland, ein Coaching zur Unterstützung der Berufseinmündung nach Abschluss des Lehrgangs.

Dieses Beispiel zeigt, wie Angebotsentwicklung mit Hilfe von Erprobung und kontrollierter Realisierung durch eine Verbesserungsschleife hindurch auf eine verlässlichere und differenziertere Stufe der Produktentwicklung führen kann.

Fragen zum Themenbereich „Angebotsentwicklung – Schritte und Kriterien"

- Woran erkennen Sie selbst, ob eine Angebotskonzeption gut ist?
- Falls Sie beim Lesen dieses Kapitels ein neues Konzept verfasst haben: Bewerten Sie die bisherige Tragfähigkeit Ihres Konzepts anhand der im Text angegebenen Punkte.

- Welche besonderen Umsetzungsbedingungen verlangt Ihr Konzept?
- Worauf würden Sie bei der Realisierung dieses Angebots besonders achten, um es auswerten und ggf. verbessern zu können?

Literatur zur Vertiefung:

Zur Angebots- und Programmplanung in der Weiterbildung gibt es wenig spezielle und dafür geeignete Literatur. Man kann teilweise didaktische Literatur zum Lehren und zur Kursgestaltung heranziehen (Döring/Ritter-Mamczek 2002; Götz/Häfner 2005; Siebert 2003). Für bestimmte Fragen sind wichtig:

Reischmann, Jost (2003): Weiterbildungs-Evaluation. Lernerfolge messbar machen. Neuwied
Lehrbuch zur pädagogischen Seminarauswertung

Gieseke, Wiltrud (Hg.)(2000): Programmplanung als Bildungsmanagement? Qualitative Studie in Perspektivverschränkung. Recklinghausen
Forschungsarbeit zur Praxis der Angebots- und Programmplanung

Literatur zum Gebiet der Allgemeinen Didaktik (3.2)

Kiper, Hanna/Mischke, Wolfgang (2004): Einführung in die Allgemeine Didaktik. Weinheim

Janck, Werner/Meyer, Hilbert (2002): Didaktische Modelle. Berlin

Robinsohn, Saul B. (1971): Bildungsreform als Revision des Curriculum. Neuwied

Straka, Gerald A./Macke, Gerd (2005): Lern-Lehr-Theoretische Didaktik. Münster u.a.

4 Dienstleistungsinnovationen und Angebotspolitik

Zwei Fragen begleiten uns fast von Beginn dieses Buchs an:

- die Frage nach dem Zusammenhang von Leistungsgestaltung und Bildungsmarketing und
- die Frage nach Veränderungen und Innovationen von Bildungsdienstleistungen, insbesondere gegenüber dem herkömmlichen Dienstleistungstyp des Seminarangebots:

Diese Fragen werden nun wieder aufgegriffen.

Im Mittelpunkt dieses Kapitels stehen mögliche Angebotsinnovationen. Damit ist eine entscheidende Schnittstelle zwischen der Angebotsentwicklung und der Angebotsvermarktung angesprochen, zwischen didaktischen und betriebswirtschaftlichen Fragen, wie man auch sagen könnte. Denn die Frage nach der Innovation betrifft zum einen die didaktischen Möglichkeiten der Angebotsentwicklung (s. voriges Kap.), zum anderen die wirtschaftlichen Ziele und möglichen Wettbewerbsvorteile. In einem ersten Teilkapitel soll der Zusammenhang von Angebotsentwicklung und Marketing kurz geklärt werden, im folgenden geht es dann um Ansätze und Funktionen von Neuerungen in Bildungsdienstleistungen.

4.1 Angebotspolitik als Marketingaufgabe

Nachfolgend sollen hier – sehr vereinfacht – die Berührungspunkte zwischen Angebot(sentwicklung) und Marketingarbeit angedeutet werden. Immer wieder sind in diesem Studientext Besonderheiten von Bildungsdienstleistungen und Bildungsangeboten betont worden, die bei der Gestaltung des Dienstleistungsmarketings besonders beachtet werden müssten, z.B.

- die Immaterialität des Gutes sowie die begrenzte Möglichkeit seiner Individualisierung und des damit verbundenen Kauf- und Verkaufsrisikos (u.a. mangelnde Sichtbarkeit, Lager- und Transportfähigkeit, individuelle Bedarfsangemessenheit, Kap. 1.2/1.3; 2.1);
- eine möglicherweise heterogene oder ungeklärte Motivation auf der Kundenseite durch ihre Aufsplitterung in Auftraggeber, Finanzier, Abnehmer/Nutzer und Lernende (Kap. 1.4);
- der hohe Leistungsanteil der Teilnehmenden, der einerseits die Nutzung eines Dienstleistungsangebots überflüssig erscheinen lassen kann (Kap. 1.3), andererseits
- die Bedeutung des Personals und der Personalpolitik für die besondere Dienstleistungsqualität unterstreicht und damit Anforderungen an das interne Marketing (Kap. 1.4).

Schon diese Aspekte verlangen nach einer ständigen Überprüfung und Verbesserung der Angebotsgestaltung und ihrer Vermarktung. Wir fragen nun etwas weitergehend, welchen Platz das Angebot und vor allem die Angebotsinnovation im Dienstleistungsmarketing haben.

Definition:
Unter Dienstleistungsmarketing verstehen wir ein Teilgebiet des Bildungsmanagements, mit dessen Hilfe die Bildungsorganisation konsequent auf die Erfordernisse der Nutzer/innen ausgerichtet wird.

Das Marketing-Management hat die Aufgaben, die Marketing-Situation der Einrichtung laufend zu analysieren, eine Marketing-Konzeption zu erstellen und entsprechende Organisationsformen zu implementieren und zu kontrollieren. Uns interessiert hier vor allem die Marketingkonzeption, um den Stellenwert der Angebotsinnovation darin anzudeuten. Marketingkonzeptionen umfassen in der Regel: Zielsetzungen, Basisstrategien und Instrumente. Die Bedeutung des Angebots innerhalb einer solchen dreiteiligen Konzeption soll in der folgenden Abbildung herausgestellt werden. Diese enthält nicht alle für das Marketing wichtigen Unterpunkte, sondern nur die besonders angebotsbezogenen, von denen die wichtigsten fett gesetzt werden.

Dienstleistungsmarketing: die Rolle des Angebots

1. *Ziele und Leitideen*

2. *Basisstrategien*
   - **2.1 Wachstum**
   - **2.2 Wettbewerbsvorteil**

3. *Aufgabenbereiche und Instrumente*
   - **3.1 Product (Produkt- oder Angebotspolitik)**
     - 3.1.1 „Angebotsgestaltung“
     - 3.1.2 Leistungsumfang und -qualität
     - **3.1.3 Angebotsprogrammpolitik**
   - 3.2 Place (Distributionspolitik)
   - 3.3 Price (Preis- oder Kontrahierungspolitik)
   - 3.4 Promotion (Kommunikationspolitik)
   - 3.5 People (Personalpolitik).

Selbstverständlich muss die Art des Gutes und des Angebots ganz allgemein alle Ebenen des Marketing durchdringen. Ich stelle nur die Punkte heraus, an denen das auch im Hinblick auf das einzelne Angebot ganz konkret greifbar werden kann.

Basis-Strategien (Punkt 2) sind solche Maßgaben für das eigene Vorgehen, mit deren Hilfe die Marketingziele erreicht werden sollen. Meist werden

- Wachstums-Strategien (internes Wachstum aus eigener Kraft, Akquisitionen und Zusammenschlüsse, Kooperationen) und
- Strategien für Wettbewerbsvorteile genannt.

Zum zweiten Punkt werden in der Marketing-Literatur immer wieder folgende Strategien (in unterschiedlichen Bezeichnungen) herausgearbeitet:

a) Kostenvorteile (z.B. durch Standardisierung, Größe, konsequentes Kostenmanagement)
b) Nischen- oder Segmentierungsvorteile (Beschränkung auf ein Segment, auf dem noch nicht viel Konkurrenz besteht, bessere Anpassung an Kundenwünsche, Kostenvorteile)
c) Differenzierungsvorteile (z.B. durch mehr Standorte, komplexes Leistungsprogramm, Innovationen)

Die Vorteilsstrategien sind im Grunde genommen Pläne, eine gewisse Einzigartigkeit zu erreichen. Kostendämpfung (a) könnte sich beispielsweise aus der Standardisierung vieler gleichartiger Kurse (etwa im Fremdsprachenbereich) ergeben, ein Segmentierungsvorteil (b) aus der Konzentration auf eine bestimmte Zielgruppe (Studienreisen für Ältere), ein Differenzierungsvorteil (c) aus einem differenzierteren Programm- und Standortangebot oder Leistungsmix für eine bestimmte Angebotspalette bzw. ein Geschäftsfeld.

Die Strategien sind nicht unbedingt kombinierbar, weil sie sich widersprechen können. So ist die Differenzierungsstrategie in der Regel mit Kostennachteilen verbunden, denn die klassische Kostenstrategie will natürlich im Gegenteil einen Wettbewerbsvorteil durch Standardisierung und möglichst wenige, aber erfolgreiche Angebotstypen erreichen. Versuche, beide Strategien im Weiterbildungsbereich zu verbinden, führen oft zu standardisierten Modulen, die multifunktional eingesetzt werden können. Auch die strenge Konzentration auf ein Marktsegment (Nische) versucht die Vorteile von Differenzierung und Kostensenkung dadurch zu vereinen, dass sie sich mit hohen Kompetenzen und sehr bedarfsorientiert auf *einen* Aufgabenbereich zentriert.

Wachstums- wie Vorteilsstrategien setzen natürlich voraus, dass der Angebotstypus formal und inhaltlich entsprechende Veränderungen – etwa Standardisierung, Intensivierung, Differenzierung – ermöglicht. Das wird nicht einheitlich für alle Aufgabenbereiche des Bildungsanbieters gelten. Zu diesem Zweck werden oft *strategische Geschäftsfelder* gebildet. Das sind Einheiten, die relativ selbständig operieren können, die von Gewicht sind für das Erfolgspotenzial der Einrichtung und die jeweils einer eigenen strategischen Ausrichtung folgen können. Es müsste überdacht werden, ob die bisher im Weiterbildungsbereich weithin übliche Aufteilung der Programme in Programmkapitel oder Fachbereiche (anhand von Themen, Zielgruppen oder Standorten/Einzugsgebiet) homogene Geschäftsfelder ermöglicht oder ob für diesen Zweck andere Segmentierungskriterien dienlicher wären.

Neben diesen strategischen Fragen sind es vor allem die *Angebotspolitik* und die dazu gehörige *Angebotsprogrammpolitik*, die das Angebot stärker tangieren.

Selbstverständlich hängt auch die Anwendung der übrigen Instrumente des Marketings mit der Art des Angebots zusammen. So betrifft die Frage des Lernorts unmittelbar die *Distributions- und Standortpolitik*. Die Immaterialität des Bildungsangebots, seine Erfahrungsabhängigkeit verlangen an sich schon besondere vertrauensbildende Maßnahmen und eine intensive *Kommunikationspolitik*. Die Bedeutung der *Personalpolitik*, etwa bei der Gewinnung geeigneter Dozenten für das Angebot, wurde schon hinreichend hervorgehoben.

Aber der zentrale Anknüpfungspunkt ist natürlich die – traditionell so genannte – Produktpolitik, im Dienstleistungsbereich auch Leistungspolitik (Haller 2002) oder Angebotspolitik (Bieberstein 2006, Möller 2002) genannt. Die in der Abbildung ausgewählten Punkte der Angebotspolitik: *Angebotsgestaltung, Leistungsumfang und -qualität, Angebotsprogrammpolitik* hängen in der Praxis eng miteinander zusammen.

„Angebotsgestaltung" (3.1.1) wurde in Anführungsstriche gesetzt, um anzudeuten, dass wir die Angebotsentwicklung und -gestaltung insgesamt nicht dem Marketing unterordnen, sondern sie als eine eigene Domäne auffassen (so auch Haller 2002). Aber diese steht in enger Wechselbeziehung zu den Aufgaben des Marketing. Vor allem ein besonderer Gestaltungsaufwand kann als Nutzervorteil in das Marketing eingehen, muss aber auch honoriert und von der Preispolitik als angemessen herausgestellt werden.

Das gilt vor allem für eine Angebotsentwicklung auf der Grundlage einer Bedarfserhebung, wie sie die nachfrageorientierte Angebotsstrategie eigentlich voraussetzt (vgl. Kap. 2.3.1). Aber auch für besonders personalintensive oder stark individualisierte Angebotsplanungen (soweit diese überhaupt möglich sind, vgl. Kap. 1.2.1) oder für besondere Unterstützungs- und Dienstleistungsqualitäten (vgl. Kap. 1.3.1). Hierhin gehört auch die Frage einer innovativen Gestaltung, mit der wir uns in den letzten Teilkapiteln beschäftigen. Man kann sich allerdings auch vorstellen, dass die Angebotspolitik umgekehrt entsprechende Qualitäten bei einer didaktischen Konzeption anmahnt. Da das Bildungsangebot vor allem mit Hilfe des Leistungspotenzials (z.B. der Konzeption, dem Lehrenden, den Räumen) abgesetzt wird, müssen sich die Marketingaktivitäten allerdings besonders daran orientieren und versuchen, dieses sichtbarer zu machen (ggf. auch durch „Suchqualitäten" und zusätzlichen Service, vgl. Kap. 1.1)

Beim Punkt *Leistungsumfang und -qualität* (3.1.2) geht es zentral um die Frage, welche Kernleistungen herausgestellt werden und das Profil des Anbieters ausmachen sollen. Dazu gehört auch, ob und wie diese Kernleistungen markiert, d.h. mit einem Markenzeichen versehen werden können, bzw. ob der Anbieter insgesamt als Marke fungieren kann, die den besonderen Kundennutzen möglichst konkret zum Ausdruck bringt und den Dienstleister unterscheidbar macht von anderen Anbietern. Beides ist im Weiterbildungsbereich bisher nur sehr begrenzt gelungen. Damit wird auf entsprechende Wettbewerbsvorteile verzichtet, zugleich aber auch zur Intransparenz des Weiterbildungsmarktes beigetragen. Einzelne Dienstleistungsangebote sind zwar immer wieder patentiert oder markiert worden. Aber ihr Gehalt kann – wie bei allen Dienstleistungen – relativ leicht imitiert werden, so dass der Kunde vor der Frage steht, ob er die Originalmarke mit einer besonderen Zahlungsbereitschaft belohnen soll.

Leistungsqualität soll – aus der Sicht des Marketing – auch nach außen sichtbar werden. Neben der Markierung können Qualitätszertifikate und Gütesiegel dazu beitragen. Qualität hängt indirekt mit dem Leistungsumfang zusammen. So wird ein Allround-Anbieter mit sehr großem Leistungsumfang es höchstwahrscheinlich schwerer haben, in allen Stücken dieselbe Anspruchshöhe zu erfüllen wie ein Spezialanbieter mit begrenztem Umfang. Wieweit die Qualität des Massenanbieters als ausreichend empfunden wird, ist selbstverständlich auch eine Frage des Preis-Leistungs-Verhältnisses. Qualität ist eben ein relativer Begriff. Um die subjektiv „wahrgenommene Qualität" zu erhöhen, ergänzen Anbieter meist die schwerer fassliche Kernleistung durch solche Rand- oder Nebenleistungen, die Produktcharakter haben und damit sichtbar sind (z.B. attraktive Räume, kostenloses Schreibzeug, Getränkeautomat usw.).

Man könnte solche Überlegungen auch schon zur *Angebotsprogrammpolitik* (3.1.3) rechnen. Diese legt fest, welche Angebote, vor allem welche Angebotspalette den Nutzern konkret zur Verfügung gestellt werden und welches Leistungsprofil sich darin abzeichnen soll. Dazu wird das Angebotsprogramm regelmäßig quantitativen und qualitativen Prüfungen unterzogen. Bei den *quantitativen Prüfungen* geht es zunächst um eine Analyse der derzeitigen Angebotsstrukturen im Hinblick auf Erreichtes und finanziellen Ertrag, z.B.: Umsatzanalyse (Anteil der Leistungsarten am Gesamtumsatz), Analyse des Deckungsbeitrags (welche Leistungsarten erzielen den höchsten Roherlös? = Umsatz minus direkte Kosten), sodann auch um Zielzahlen.

Qualitative Prüfungen sind in unserem Zusammenhang der konkreten Angebotsentwicklung und Leistung noch wichtiger. Sie betreffen jedes einzelne vorhandene oder denkbare Angebot und führen zu der Entscheidung, was *beibehalten* und was *verändert* werden soll. Diese Entscheidungen sollen natürlich zugleich Vorgaben der Angebotspolitik, etwa zum Leistungsumfang, oder sogar der Marketingstrategie, etwa für einen Segmentierungsvorteil, umsetzen helfen.

Im Hinblick auf das einzelne Angebot gibt es folgende Entscheidungsmöglichkeiten:

- Beibehaltung
- Eliminierung (Ausschluss) des Angebots,
- Angebotsmodifikation,
- Programmerweiterung.

Kommentiert werden hier nur die Veränderungsmöglichkeiten:

(1) Das Aussondern von Leistungen, die nicht mehr nachgefragt, kaum verbesserbar oder wenig gewinnträchtig erscheinen, gehört wohl ebenso zur routinemäßigen Überprüfung der Angebotspalette wie die Modifikation.

(2) Modifikation bedeutet die deutliche Veränderung bisheriger Angebote, z.B. aufgrund von Evaluation, Bedarfsänderung oder einer veränderten übergreifenden Angebotspolitik.

(3) Programmerweiterungen können unterschiedlich „weit" gehen. Haller (2002) unterscheidet dabei

  - Ausdifferenzierung (zusätzliche Leistungen im gleichen Bereich) und
  - Diversifikation (die Aufnahme völlig neuer Leistungsangebote).

Haller unterscheidet bei der Diversifikation noch einmal, ob benachbarte Leistungen mit den gleichen Betriebsmitteln verwirklicht (horizontale D.), ob neue Leistungen auf vor- und nachgelagerten Wirtschaftsstufen erbracht (vertikale D., für die Weiterbildung etwa Lehrbuchproduktion) oder ob völlig neue Geschäftszweige eröffnet werden (laterale D.). Natürlich kann man sich darüber streiten, was eine größere Neuerung darstellt für einen Anbieter, der bisher nur Sprachkurse angeboten hat: ein kaufmännisches Seminarangebot, eine Lernberatung außerhalb der Kurse, eine Organisationsberatung, ein Angebot von Studienreisen.

4.2 Hindernisse und Herausforderungen für Innovationen

Hier schließt sich nun die zweite Hauptfrage dieses Kapitels an: Was ist eine „Innovation“ und welche Bedeutung hat diese für die Leistungsgestaltung und für die Angebotspolitik innerhalb des Marketing?

Man könnte auch schlichter das deutsche Wort „Neuerung“ benutzen. Das Wort „Innovation“ wirkt edler, scheint solchen Veränderungen und Neuerungen vorbehalten, die ein „Glanzlicht“ darstellen innerhalb der Angebotsentwicklung und -politik oder die Grenzen des bisherigen Leistungsspektrums überschreiten. Aber damit muss auch ein Nutzen verbunden sein, den man Kunden und Lernenden bisher noch nicht vermitteln konnte. Das heißt, ob etwas innovativ wirkt, hängt nicht allein vom Ausmaß der „subjektiven“ Anstrengung des Anbieters ab.

Im Bereich der Produktion würde man noch einen anderen „objektiven“ Bewertungsmaßstab benutzen: die Neuigkeit des Angebots am Markt (und den damit verbundenen Wettbewerbsvorteil). Für die Weiterbildung scheint es mir nicht sinnvoll, den Innovationsbegriff an einen ersten Marktauftritt zu koppeln. Denn das setzte einen einheitlichen und überschaubaren Markt voraus, von dem wir im Hinblick auf Weiterbildung nicht sprechen können. Hier kann man eher Innovationen für ein bestimmtes Marktsegment oder für einen regionalen Markt vorsehen (was z.B. in einer Großstadt nicht mehr als innovativ gilt, kann für einen ländlichen Kreis noch eine ganz wichtige Neuerung darstellen). Vor diesem Hintergrund wird man keinen absoluten Maßstab für die Bewertung einer Bildungsdienstleistung als innovativ festlegen, sondern vorsichtig so definieren:

Definition:
Als Weiterbildungs-Innovationen kann man solche neu konzipierten Dienstleistungen bezeichnen, die die Grenzen bisheriger Angebotsformen und -inhalte derart überschreiten, dass für die Abnehmer ein gewichtiger Nutzenvorteil entsteht.

Darüber hinaus wird es schwer sein, einheitliche Bewertungskriterien aufzustellen. Eine Rolle spielen können z.B. subjektive und objektive Bewertungsmaßstäbe, kurzfristige Attraktivität und nachhaltige Wirkung.

Zum letzten Punkt: Innovation ist eine Auszeichnung, die man eher aktuellen, attraktiven Angeboten verleihen wird; sie betont den Neuigkeitswert, das Aufglühen einer Leuchtkugel. Natürlich wünscht man sich, dass sie modellhaft wirken und sich daraus eine nachhaltige neue Praxis entwickelt: z.B. ein besonderes Geschäftsfeld oder ein origineller Angebotstyp. Blickt man aber auf die Entwicklung von Weiterbildungsprogrammen in ihrer ganzen Breite zurück (vgl. Körber 1995, Schlutz 1995, Schrader 2000), so wird man öfter feststellen, dass als solche angekündigte Innovationen nicht auf Dauer angenommen werden oder wieder „im Sande verlaufen". Umgekehrt beginnen Angebots- und Programmneuerungen, die sich später als innovative Strömungen, als „Leuchttürme" des Angebots herausstellen, oft nicht spektakulär oder mit einer eindeutigen Initiative, sondern mit vielen Probierbewegungen. Diese schließen oft eng an bisherige Erfahrungen an oder stehen, im Nachhinein betrachtet, oft weit mehr in einer Programmkontinuität, als es den Planer/innen damals erscheinen mochte. Das Neue beginnt oft als Modifikation oder Weiterentwicklung des Alten oder durch Entdeckung von „Lücken" im bisherigen Programm.

Dieser Innovationsmodus, der eher dem Wachstum von Jahresringen an Bäumen gleicht und bei dem das Alte selten ganz und gar verloren geht, hängt sicherlich damit zusammen, dass Lernwünsche der Nutzer – wie überhaupt die Bereitschaft zum lebenslangen Lernen – sich ebenfalls eng an bisherige Erfahrungen anschließen und sich selten sprunghaft verändern. *Das anscheinend Innovativste muss nicht das Gefragteste sein!* Deshalb gibt es in der Weiterbildungsentwicklung notwendigerweise eine fruchtbare Spannung zwischen nötiger Kontinuität und möglichen Neuerungen, die nicht nur durch die Umwelt (z.B. Bedarfe, verfügbare Medien) und ihre Veränderungen bestimmt wird, sondern auch durch interne Veränderungen, etwa von Zielen und Ressourcen.

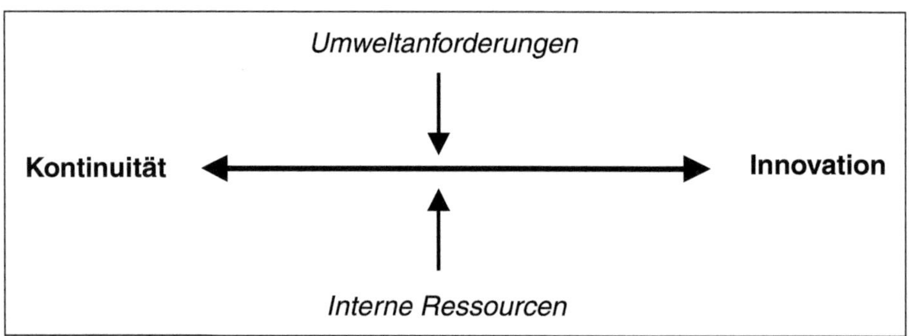

Abbildung 4.1:
Innovationen im Spannungsfeld

Veränderung wird allerdings in nahezu allen Lebensbereichen heute als Wert an sich betrachtet und begrüßt. Die Innovation als plötzlich aufleuchtende Neuerung scheint da geradezu selbstverständliche Pflicht. In der Industrie, insbesondere im Bereich neuer Technologien, gilt die systematische Forschung und die strategische Entwicklung neuer Produkte als Grundlage für Wettbewerbsfähigkeit und dauerhaften Erfolg. Im Dienstleistungsbereich geschieht das nicht mit der gleichen Stringenz (Haller 2002), Neuerungen vollziehen sich eher nach dem Motto „Versuch und Irrtum". Weiterbildungsanbieter überprüfen allerdings regelmäßig bisherige Angebote und Leistungen, wenden sich vor allem auch neuen Inhalten zu und probieren darüber hinaus – je nach Experimentierfreude – Neues aus. Aber von einer systematischen Innovationspolitik wird man selten sprechen können. Fehlt es an Entschlossenheit und Initiative oder gibt es dafür nachvollziehbare Gründe?

Hindernisse oder Hemmnisse für eine systematische Innovationspolitik in der Weiterbildung könnten u.a. bei der Abwägung folgender prekärer Aspekte in den Blick kommen:

- dem ohnehin vorhandenen *Kaufrisiko,*
- der erforderlichen *Eigenleistung des Nutzers,*
- der Schwierigkeit der *Erprobung*
- und der leichten *Imitierbarkeit* der Innovation.

Die ersten beiden Punkte benennen Schwierigkeiten auf Seiten der Lernenden: Diese könnten es wenig schätzen, wenn das ohnehin vorhandene Kaufrisiko noch durch ungewisse Experimente erhöht würde. Oder wenn allzu abrupt mit den Lerngewohnheiten gebrochen würde, mit denen sie Bildungsaufgaben bisher gemeistert haben, denn auch die Innovation verlangt natürlich eine entsprechende Eigenleistung des Teilnehmers!

Die anderen möglichen Gründe betreffen die Anbieterseite, zunächst die Frage der Erprobung von Innovationen. Da Bildungsdienstleistungen die Teilnehmenden hochgradig in den Prozess integrieren müssen, erscheint es kaum möglich, Innovationen in laborähnlichen Versuchsreihen (wie in der Produktion) vorab zu erproben und zu standardisieren, um sie dann in der Realität durchzuführen. Mutig ist da die Bank of America gewesen. Diese hat, um Innovationen systematisch zu kreieren, einen Teil ihrer Filialen zu wissenschaftlich begleiteten „Übungsfirmen" gemacht, die aber echte Kunden mit entsprechenden Erwartungen bedienen (Thomke 2003). Ist das Risiko des Scheiterns in der Weiterbildung größer? Jedenfalls werden wir weiter unten einen Weiterbildungsanbieter kennen lernen, der ein ähnlich umfassendes Experiment gewagt hat.

Ich könnte mir auch vorstellen, dass manche Anbieter innovative Ideen lieber in Rand- und Nebenleistungen legen, etwa in neue Serviceformen, weil dadurch die Kernleistungen nicht beeinträchtigt werden. Aber ich habe das nicht erforscht und würde den Begriff der Innovation auch lieber den Kernleistungen vorbehalten.

Ein weiteres Bedenken auf Seiten von Bildungsanbietern könnte aufgrund der relativ leichten Imitierbarkeit der Innovation und dem damit nur kurzfristigen Wettbewerbsvorteil gegeben sein: Wird eine mit oft erheblichem Mehraufwand neu gestaltete Leistung überhaupt „Pionier"-Gewinn bringen, im wortwörtlichen Sinne, im Sinne größerer Dankbarkeit der Abnehmer oder im Hinblick auf das Ansehen der Institution? Deshalb wird im Zuge der Programmpolitik meist zuerst gefragt, wie Qualität und Nachhaltigkeit erprobter Dienstleistungen verbessert werden können, ehe man sich an durchgreifendere Neuerungen wagt.

Angesichts der aufgezählten Hemmnisse könnte man auch radikaler fragen: Warum soll man sich überhaupt auf das Wagnis größerer Innovationen einlassen?

Abgesehen von möglichen internen Veränderungen, wie andere Arbeitsbedingungen, Ressourcen und Zielorientierungen, können externe Umweltanforderungen (s. Skizze oben) Neuerungen und Innovationen herausfordern. Immer gehört natürlich die Herausforderung durch Konkurrenz dazu. Aber welche anderen Umweltveränderungen könnten heute viele Anbieter vor Herausforderungen an ihre Innovationsfähigkeit stellen? Ich nenne beispielhaft vier Aspekte.

Gegenwärtige Umweltveränderungen als Herausforderungen der Innovationsfähigkeit:

1. Eine stärkere Orientierung an selbständigem Lernen,
2. Ein gestiegenes Kostenbewusstsein,
3. Neue oder zu entdeckende Bedarfe,
4. Neue Angebotsmöglichkeiten mit Hilfe neuer Medien.

(1) Die Forderung nach mehr selbständigem Lernen geht zunächst von der erziehungswissenschaftlichen Theorie aus. Angesichts der voraussehbar steigenden Anforderungen an das lebenslange Lernen werden von Jugendlichen wie Erwachsenen, aber auch von Bildungsanbietern verlangt: mehr Eigeninitiative, mehr Lernfähigkeit und Selbstorganisation bei den Lernenden, aber auch eine stärkere Individualisierung der Lehr- und Unterstützungsangebote. Zum realen Druck werden solche Überlegungen allerdings erst dadurch, dass außerwissenschaftliche Interessen mit solchen Forderungen konform gehen: Interessen an Kostendämpfung etwa, an größerer Flexibilität oder am Einsatz von E-Learning.

(2) Dass die Vermittlung von Bildungsdienstleistungen grundsätzlich an Kostengrenzen geraten kann, wurde in Kap. 1.3 schon erörtert. Die Kosten steigen vor allem mit dem Umfang und der Komplexität des Personaleinsatzes. Unternehmen scheinen deutlich kostenempfindlicher geworden, sie investieren seit Ende der 90er Jahre weniger in Weiterbildung. Ob Privatleute auch zurückhaltender in ihren Ausgaben für Weiterbildung geworden sind, ist nicht genügend erforscht, aber aufgrund der Wirtschaftslage bzw. der persönlichen wirtschaftlichen Erwartungen denkbar. In Bildung wird bekanntlich selten antizyklisch investiert.

(3) Die Bedarfe von Bildungsinteressenten ändern sich schon seit Jahren: vor allem werden kurzfristigere kompakte Angebote verlangt, eine aktivere Einbindung in den Lehr-Lern-Prozess (was beides nicht unbedingt vereinbar erscheint) und eine stärkere Anwendbarkeit des Gelernten. Bei Unternehmen und anderen institutionellen Nachfragern scheint es eine wachsende Unzufriedenheit mit der Synchronisation von eigenen Bedarfen und (Standard-)Angeboten der Weiterbildung zu geben (vgl. Kap. 2.2.3). In Zeiten eines geschärften Kostenbewusstseins können solche Zweifel zum vorläufigen Verzicht auf Weiterbildung führen.

Ein Modellversuchsprojekt des Bundesinstituts für Berufsbildung (BIBB 2003) greift solche ermittelten und vermuteten „Beschwerden" von Betrieben gegenüber Weiterbildungsanbietern auf: zuviel Standardangebote, Frontalunterricht, Ausfallzeiten; nicht bedarfsorientiert, zuwenig am einzelnen Mitarbeiter orientiert, nicht just-in-time, keine Gewährleistung von Transfer in den Arbeitsablauf, zuwenig

Serviceleistungen, die der Qualifizierung vor- und nachgestellt sind (insbesondere Bedarfsermittlung). Der Modellversuch will Anbieter darin schulen, Angebote mit Kunden und Teilnehmern zusammen zu entwickeln, flexibler auf Kundenwünsche zu reagieren, z.B. durch Modularisierung und Anpassung der Inhalte, durch zeitliche Variabilität (auch Lernen am Arbeitsplatz) und Einbeziehung unterschiedlicher Medien. Zudem verlangten Betriebe „ganzheitlichere" Lösungen, wie eine Verbindung von Bildungs- und Unternehmensberatung, was u.U. eine Kooperation von Anbietern nötig machen könnte.

(4) Noch vor wenigen Jahren waren sich nicht nur Technik-Freaks sicher, dass die unter Punkt 1–3 gestellten Anforderungen zum großen Teil binnen Kurzem durch die Neuen Medien erfüllt werden würden: z.B. Individualisierung und bessere Distribuierung von Angeboten, Orts- und Zeitunabhängigkeit, damit auch Lernen am Arbeitsplatz oder eben zusätzlich in der Freizeit, nachhaltigere Übungs- und Kontrollformen, realitätsnähere und ansprechendere Aufbereitung der Inhalte einschließlich Modularisierung, selbständige und selbst organisierte Formen des Lernens und Kostensenkung, vor allem für Firmen.

Es ist schwer, kurz zusammenzufassen, was diesen Optimismus gebremst hat. Grob vereinfacht: eine anfängliche Überschätzung der Bildungsmöglichkeiten der neuen Medien, eine Unterschätzung der Kosten anspruchsvollerer Lösungen (z.B. Lernplattformen, Angebote abseits der Massennachfrage), infolgedessen Enttäuschungen über einzelne unausgereifte technische Lösungen. Die Überschätzung scheint mir vor allem in zwei Punkten zu bestehen, die vielleicht nicht einmal bewusst gewesen sind:

- in der Hoffnung, Lernen ließe sich per se – ähnlich wie die Informationsverarbeitung – durch E-Techniken beschleunigen (was nicht möglich ist, s. Euler 2002),
- und in der Vermutung, die Neuen Medien brächten für alle Bildungsbedarfe technische Komplettlösungen „aus einem Guss".

Solche Erwartungen haben die rein technischen Möglichkeiten der neuen Medien in den Vordergrund gerückt. Eine stärkere Berücksichtigung didaktischer Erfordernisse und die mögliche Kombination von medialen und anderen Lernformen werden hier wohl zu besseren Ergebnissen führen (s. nächstes Kap. 4.3). Unbefriedigende Erfahrungen mit neuen Medien sollten deshalb nicht umgekehrt dazu verleiten, die Möglichkeiten des E-Learning zu unterschätzen. Zumal es beim Einsatz medienunterstützender Bildungsangebote nicht nur um die Frage gehen kann, ob sie genauso gut oder besser als „konventionelle" Bildungsangebote sind, sondern ob sie in vielen Fällen nicht einfacher oder schneller erreichbar sind, in manchen auch kostengünstiger.

Bewertet man zusammenfassend die möglichen Herausforderungen für Bildungsinnovationen, so könnte man sagen, dass wir uns in einer Übergangszeit befinden. Die Fragen sind gestellt, Antwortmöglichkeiten deuten sich an. Aber was davon schon realisiert wird und welche Lösungsmuster sich schließlich als geeignet erweisen werden, das erscheint noch als offen.

Worauf soll man sich in dieser Situation einstellen? Soll man sich auf die Forderungen nach Innovationen, wie sie aus der Wirtschaft, von Medienherstellern, aus Teilen der Bildungspolitik und der Wissenschaft erhoben werden, ohne Erfolgsgarantie einlassen oder – vorsichtshalber – nichts tun? Eine schlechte Alternative. Eine bessere bestünde z.B. darin, sich davon inspirieren zu lassen, was es an Beispielen für Veränderungen bei Anbietern und beim Angebot von Bildungsdienstleistungen tatsächlich schon gibt, und überlegen, welche **Ansatzpunkte für Neuerungen** sich im eigenen Betrieb und im Hinblick auf das eigene Felde daraus ergeben könnten. Beispiele dafür werden im nächsten Kapitel gegeben.

4.3 Nutzen und bildungspolitische Funktionen von Innovationen

Als Beispiele für tatsächliche Innovationsversuche im Feld werden hier einige Preisträger und Kandidaten des Preises für Innovation des Deutschen Instituts für Erwachsenenbildung (DIE) vorgestellt, der seit 1997 von einer unabhängigen Jury vergeben wird. Das Interesse an der Schaffung dieses Preises bestand Mitte der 90er Jahre – in einer Zeit also, in der Weiterbildungseinrichtungen sich notgedrungen stärker mit Ressourcen, mit Qualitäts- und Organisationsfragen, also mit sich selbst, beschäftigen mussten – darin, die Aufmerksamkeit der Fachöffentlichkeit wach zu halten für Fragen nach der Relevanz der Bildungsarbeit, nach zukunftweisenden inhaltlichen Aufgaben und nach didaktisch-methodischen Lösungsaspekten.

Der Preis wird im Zweijahresrhythmus vergeben. Ich beziehe mich hier auf die ersten vier Preisverleihungen mit 18 Preisträgern. Diese ausgezeichneten Projekte erscheinen als weitgehend typisch für Trends in den über 400 Bewerbungen. Natürlich können 400 Preisbewerbungen und 18 Preisträger nicht als repräsentativ für das Innovationspotenzial der Weiterbildung in der Bundesrepublik Deutschland gelten, aber sie enthalten Hinweise darauf, was tatsächlich versucht (nicht nur theoretisch gefordert) wird und was diese Praxis selbst und eine unabhängige Jury für innovativ gehalten haben.

Die Ausschreibung des Preises war zunächst recht allgemein gehalten, sie bestärkte Interessenten darin, das einzusenden, was sie selbst für innovativ hielten. Die Jury sucht – entsprechend ihren Urteilsbegründungen – innovative Projekte, die relevante Problemstellungen angehen und entsprechende Bildungslösungen nachhaltig und übertragbar ermöglichen, und zwar zugunsten der lernenden Nutzer/innen.

Wie können nun auf knappem Raum die innovativen „Trends“ zusammengefasst werden, die sich in den eingesendeten Projekten zeigen, ohne dass wir uns in den besonderen Bedingungen, konkreten Zielen und fachdidaktischen Überlegungen der jeweiligen Projekte verlieren (im Einzelnen genauer nachzulesen in Meisel 1997, Schlutz 1999, Schlutz 2002, DIE 2003)? Ich versuche das mit Hilfe einer doppelten Verallgemeinerung: Zunächst wird an Beispielen dargestellt, welcher Nutzen für die Abnehmer angestrebt wird und welche – im weiten Sinne –

bildungspolitischen Funktionen darin enthalten sind. Danach wird knapp zusammengefasst, mit welchen Mitteln die Veränderungen erzeugt werden, und überlegt, wie solche Innovationspolitik sich in den Alltag der Angebotsentwicklung integrieren ließe.

Im Hinblick auf Nutzen und weiterreichende Funktionen lassen sich zusammengefasst drei Zielsetzungen unterscheiden, die Preisträger und viele Einsendungen anstreben – natürlich nicht so abstrakt, sondern auf ihrer je konkreten Arbeitsebene.

Funktionen von ausgezeichneten Bildungsinnovationen für Nutzer/innen und „Bildungspolitik"

1. Zugänge zur Weiterbildung öffnen
2. Lernmöglichkeiten erweitern, Lernen erleichtern – durch Medien, Methoden, Lernorganisation
3. Personen unterstützen – beim Umgang mit Ungewissheit und Offenheit (Identitätserhalt)

Damit werden auch „bildungspolitische" Funktionen erfüllt, die sich der Weiterbildung im Wandel zur Wissensgesellschaft in erhöhtem Maße stellen: mögliche gesellschaftliche Spannungen, die durch Weiterbildung noch verstärkt werden könnten, zu mildern (1), vielfältige und immer häufiger auftretende Qualifizierungsaufgaben bewältigen zu helfen (2) und der dabei drohenden Überlastung von Kompetenz und Identität produktiv entgegenzuwirken (3).

4.3.1 Zugänge zur Weiterbildung eröffnen

Zugang zu schaffen gilt weltweit, auch aufgrund der UNESCO-Deklarationen, als erstes Bildungserfordernis. Die entsprechenden Versuche reichen bei den Preisträgern und Preisbewerbern von Experimenten, Weiterbildung für Nicht- und Wenig-Besucher durch ***Marketing und Imagebildung*** attraktiver zu machen, über neue, für bestimmte Gruppen ***relevantere Angebotsinhalte*** oder die Ermöglichung von ungewohnten Begegnungen und Bildungs*erlebnissen* bis hin zur wortwörtlichen ***Annäherung an die Lebenslage der Zielgruppen***.

So mussten etwa in der strukturschwachen, halb ländlichen Region im Weser-Ems-Gebiet Mitarbeiter/innen von zwei Weiterbildungseinrichtungen feststellen, dass qualifikations- und arbeitsbezogene Maßnahmen bei Jugendlichen und jungen Erwachsenen letztlich nicht „greifen" können, wenn die Betroffenen nicht überlebens- und arbeitsfähig sind, weil sie obdachlos sind oder keinen intakten Familienzusammenhang kennen. Die Bildungsinstitutionen beschlossen, es nicht bei den immer wieder ins Leere laufenden „offiziellen" Bildungsangeboten zu belassen, sondern die Lebenswelt der Adressaten einzubeziehen bzw. mit ihnen eine solche erst zu schaffen. Dazu wurden Neubauten und Umbauten von Häusern durch die jungen Erwachsenen – unterstützt durch Fachkräfte und lokale Baufirmen – vorgenommen, wodurch die Betroffenen nicht nur erste informelle Lernerfolge bekamen, sondern auch Unterkunft und eine mögliche Lebensgemeinschaft. Das betreute Wohnen – und dies erscheint als neu – ist allerdings an die strikte Bedingung geknüpft, zugleich eine den jeweiligen Voraussetzungen angemessene Qualifizierungsleistung zu erbringen. Die Koppelung der Lebensbereiche *„Wohnen, Arbeiten, Lernen"* (so der Name des Projekts, vgl. Schlutz 1999) verlangt eine ***interne Kooperation*** von sozialer Arbeit, Werkstatt und Pädagogik, aber zugleich eine enge ***externe Kooperation*** von Jugendhilfe, Arbeitsmarktpolitik und Weiterbildung zugunsten gemeinsamer Förderung, die durch einen ständigen Ausschuss gesichert wird.

4.3.2 Lernmöglichkeiten methodisch erweitern (Lernen erleichtern)

Dass neuartige Bildungsangebote das Lernen erleichtern könnten, erwarten manche vor allem vom ***Einsatz neuer Medien:*** Diese können orts- und zeitunabhängig genutzt werden, neue Veranschaulichungs- und Übungsmöglichkeiten bieten und individuellere Zugriffe, Akzentsetzungen und variablere Tempi ermöglichen. Angesichts dieser Möglichkeiten wird vielleicht erstaunen, dass erst ein einziges derartiges Projekt (*„Café Mondial"*) mit dem Innovationspreis ausgezeichnet worden ist und das schon 1997 (s. Meisel 1997). Dies liegt nicht an einem Mangel an einschlägigen Bewerbungen, denn die waren durchaus zahlreich und reichten von der bescheidenen CD-Rom bis zum Intranet-Angebot in Großfirmen.

Die genannte Preisträgerin ist ihrer Zeit weit voraus gewesen und wollte vielleicht zuviel auf einmal realisieren: ein Netz von „Bodenstationen" gründen nach Art der Internetcafés; eine europaweite „Börse" von Angeboten und Nachfragen; eigene Fortbildungsangebote für Nutzer und Tutoren etablieren; exemplarische europaweite Projekte ausprobieren. Ein Beispiel für das Letzte ist ein Fortbildungsprojekt zum Thema ökologischer Tourismus: Eine fachlich einschlägige Lerngruppe aus mehreren europäischen Ländern plant per Internet eine möglichst vorbildliche Lösung für einen wirtschaftlich und ökologisch tragfähigen Tourismus im Hinblick auf eine virtuelle Insel; die Kommunikation zwischen den Planenden wird durch einen Übersetzungsdienst unterstützt, der die Beiträge innerhalb von 24 Stunden in die in der Gruppe gesprochenen Landessprachen übersetzt. Wie gesagt, ein aufwändiges Vorgehen, das aber die Kommunikationsmöglichkeiten des Internet kreativ auszuschöpfen versucht.

Demgegenüber begnügen sich spätere Einsendungen allzu oft damit, bekannte, z.T. sehr konventionelle Vorgehensweisen auf neue Medien zu übertragen. Insbesondere Offline-Produkte, z.B. CD-ROM-Programme, mit ihrer „Geschlossenheit" und äußerst eingeschränkten „Interaktivität" kommen dabei häufig nicht über den Status von digitalisierten Lehrbüchern oder Blättermaschinen mit eintönigen Abfragemethoden hinaus. Das kann in den Fällen sinnvoll sein, in denen ein klar definiertes Wissen angeeignet und exakt reproduziert („gepaukt") werden soll. Ein Beispiel dafür bietet eine CD-Rom-Schulung für Apotheker im Hinblick auf neue Medikamente, die zugleich als Nachschlagewerk für die Patientenberatung dienen kann.

In anderen Fällen wäre es besser, CBT beschränkten sich auf die Funktion der Anreicherung oder des Wieder-Auffrischens von konventionellem Unterricht, wie einige Sprachenangebote dies erfolgreich tun. Stattdessen wird vergeblich versucht, Themen, die unbedingt reichhaltige Kommunikation und offene Lösungsmöglichkeiten verlangen, vollständig auf CD-Rom zu lehren. Einführungen in psychologische Beratung oder Teamarbeit werden beispielsweise ohne echte Kommunikation und ohne Team praktiziert, ein Widerspruch in sich und damit alles andere als innovativ (vgl. Schlutz 1999a).

Online-Angebote sind als solche potenziell vielfältiger ausgelegt und erscheinen damit zukunftweisender. Diese sind jedoch oft noch so beschäftigt mit ihrer technischen Aufbereitung und Sicherung, dass die Frage nach dem didaktischen Zugewinn unterbelichtet bleibt. Formen des fast „reinen Frontalunterrichts“ werden durch die Programmvorgaben oder den kommunikativ eingeschränkten Tutor wieder eingeführt. Allein schon die anscheinende Perfektion der Inhalts- und Übungsvorgaben lässt bei vielen Lernenden den Gedanken an mögliche Eigeninitiative gar nicht erst aufkommen (Grotlüschen 2001). Gute E-Trainer bemühen sich mit großem technischem und pädagogischem Aufwand, die Lebendigkeit der Präsenz-Kommunikation auch im Netz zu inszenieren (Kil/Körber/Rippien 2004).

Zusammengefasst:
Ein Grundfehler früher E-Learning-Angebote – der aber oft als ehrgeiziges Entwicklungsziel ausgegeben wird – liegt in dem Versuch, das gesamte Lernen im E-Medium abzubilden, ohne Schnittstellen zu anderen Lehr-, Lern- und Beratungsmöglichkeiten.

Wenn die Möglichkeiten des E-Learning weiter verbessert werden: in welcher Weise würden sich bisherige Aufgaben von Lehrkräften *(Inhalte vermitteln, Übungsmethoden eingeben, Medien bereitstellen usw.)* und möglicherweise auch Weiterbildungsanbieter verändern?

Kurz gefasst: Die Stoffvermittlung würde weitgehend von Autoren und Designern übernommen bzw. von entsprechend geschulten Lehrkräften medial aufbereitet. Beim netzgestützten Lernen könnten sich professionelle Rollen, wie die des kommunikativen Trainers, des pädagogisch-beratenden Coachs sowie die des technischen Tutors, ausdifferenzieren. Wo bereits im großen Stil Internet- oder Intranet-Lernen eingeführt ist, deutet sich eine institutionelle Arbeitsteilung im Hinblick auf die gesamte Dienstleistungskette an: Inhaltserstellung durch Content-Provider (u.a. Verlage), Technik-Bereitstellung durch Plattform-Provider, Integration der Komponenten und Veranstaltungsdurchführung durch Bildungsanbieter, eine Arbeitsteilung, die man z.T. allerdings schon von der Arbeit mit konventionellen Medien (z.B. Lehrbüchern) kennt.

Je autonomer das neue Medium eingesetzt würde (wogegen ich Bedenken habe), umso mehr bestünde die Kunst der didaktischen Konzeption darin, den traditionellen Erbringungsprozess der Dienstleistung so in ein Industrieprodukt umzusetzen, ihn gleichsam „gefrieren“ zu lassen, dass die Lernenden ihn selbst wieder verflüssigen und zur Unterstützung der eigenen Lernleistung nutzen können.

Methodische Kreativität stellte schon immer – und das auch innerhalb eher konventioneller Bildungsdienstleistungen – eine didaktische Antwort auf neue Herausforderungen oder Erschwernisse des Lernens dar. Sie ist aber kein unterhaltsamer Selbstzweck, wie der gegenwärtige Methoden- und Aktivitäten-Boom glauben lassen könnte, sondern wirkt dann überzeugend, wenn sie sich einerseits konsequent aus der wissenschaftlichen oder didaktischen Analyse der zugrunde liegenden Bildungsaufgabe ergibt und andererseits ein wesentliches Innovationsmoment darstellt.

Dies ist beispielsweise der Fall beim Projekt *„Intonation durch Rhythmus und Klang"* (vgl. Schlutz 2002). Hier hatte die didaktische Analyse ergeben, dass die Intonation im Sprachunterricht (für Migranten) sehr vernachlässigt wird, weil nicht erkannt wird, dass diese im schlechten Fall ursächlich ist für die Fremdheitsbarriere zwischen Einheimischen und Migranten. Eine Lehrkraft ging entsprechenden Defiziten verschiedener Migrantengruppen innerhalb einer computerunterstützten Sprachanalyse nach. Die methodische Schwierigkeit, solche Erkenntnisse in den Unterricht umzusetzen, bestand aber darin, dass die Intonation durch kognitive Wissensvermittlung oder durch die übliche Fehlerkorrektur kaum zu verbessern ist. Dazu sind die Intonationsgewohnheiten aus der Muttersprache zu eingeschliffen, die Unterschiede nicht mehr vollständig bewusst zu machen. Aus diesen Einsichten ergab sich der Einsatz eines systematischen Übungsprogramms, das mit Rhythmik, Musik/Tonhöhenunterschieden, Bewegung und „Sprechgesang" das Einleben in die neue Intonation nachhaltig unterstützt. Das sind Lernverfahren, die unterhalb der gängigen und akzeptierten Ebene des Erwachsenenlernens bleiben, um so gleichsam den frühkindlichen Prozess des Ausprobierens und Adaptierens von Intonationsweisen wieder zu eröffnen. Das verlangt Mut bei den Beteiligten – und Vertrauen zur Dozentin.

Im Projekt „Democards – Aktivkurs Politik" (Schlutz 2002) wird dagegen ein früherer Lehrgang zur politischen Bildung komplett ersetzt durch das Medium von Spielkarten. Diese Karten, etwas kleiner als DIN A 5, enthalten auf der Vorderseite inhaltliche und gruppenmethodische Impulse, auf der Rückseite entsprechendes Bildmaterial. Gegliedert ist das ganze Angebot nach 10 politischen Spannungsfeldern (z.B. Macht-Ohnmacht, Armut-Reichtum) und innerhalb dieser Themengruppen nach Lern-Etappen von der Rekonstruktion eigener Erfahrungen über Informationseingaben bis hin zur Stellungnahme oder Handlungsentscheidung. Interessierte Gruppen können die Karten selbständig verwenden, als Motivationsanreize, als Übungsvorschlag usw. Ausweiten lässt sich die Arbeit mit den Karten allerdings besonders mit Hilfe von Gruppentrainern oder Expertinnen aus dem gewünschten Themenfeld. Jedenfalls ein interessanter Versuch, politische Bildung in einer offenen Gesellschaft offener und animierender zu gestalten.

Gegenüber diesen mikrodidaktischen Veränderungen erscheinen Versuche auffälliger, mit Hilfe ***neuer Lernorte*** auf die steigenden Anforderungen an das lebenslange Lernen zu reagieren.

Gründe für die Wahl neuer Lernorte

(1) Der Ort wird *personennäher* gewählt, um den *Zugang* zur Bildung zu erleichtern.

(2) Der Ort wird *gegenstandsnäher* gewählt, um die *Vermittlung* des Gegenstandes unmittelbarer oder eingängiger zu gestalten.

(3) Der Ort wird *anwendungsnäher* gewählt, um den *Transfer* zu verkürzen bzw. zu erleichtern.

Als Beispiel für das erste (1) und zugleich als weiterer Beitrag zum Thema „Zugänge öffnen" soll das mobile Sprachlernangebot *„Fremdsprachen-TRAINing auf der Schiene"* stehen (Schlutz 2002). Hier wird Bildungszeit gewonnen durch Nutzung eines ungewöhnlichen Ortes. Konventionelle Bildungsdienstleistungen stehen immer mehr vor der Schwierigkeit der Zeitsynchronisation, z.B. der Abstimmung von Angebotszeiten und möglichen Lernzeiten. Das könnte die neuen Medien zunehmend attraktiver machen. Die Preisträgerin hat eine andere Lösung. Berufspendlern, die jeden Morgen (und Nachmittag) eine gute Unterrichtsstunde lang den Weg zwischen Heim und Arbeitsstelle im Zug zurücklegen und denen schon dadurch ein Gutteil möglicher Lernzeit verloren geht, wird das Angebot gemacht, die Fahrzeit als Lernzeit zu nutzen und dies nicht in Form von stiller Selbstbedienung mit Hilfe des Buches oder des Laptops, sondern in Form eines kommunikativen Sprachkurses in einem Zugabteil – und zwar mit durchschlagendem Erfolg!

Der gegenstandsbedingte Ortswechsel (2) liegt nahe, wenn der Gegenstand an einem anderen Ort besser zu erfassen ist (Museumsbesuch, Exkursion, Arbeitsplatz). Innerhalb der Preisverleihung hat es nun Projekte gegeben, die nur den Lernenden an einen anderen Ort gehen lassen, ihn dabei aber „aus der Ferne" begleiten. Dies war etwa beim Projekt *„Lernen in fremden Lebenswelten"* der Fall, in dem Lernende ein kürzere oder längere Zeit in eine fremde Gruppe oder Lebenswelt eintauchen, um eine Art „Gegenerfahrung" machen zu können (z.B. Manager in der Arbeit mit sozialen Randgruppen); dabei wird das Experiment von einer Bildungsagentur vorbereitet, extern begleitet und mit den Lernenden reflektiert (DIE 2003). Eine betreute Einarbeitung in ein wirklich neues Berufsfeld bietet die Fortbildung zur *„Kulturkuratorin"*, in der die Teilnehmenden sich ein eigenes Referenzprojekt erarbeiten und dies im Feld, begleitet von einem „Erfolgsteam", umsetzen müssen (DIE 2003).

Ein aufwändiges Beispiel, bei dem der Ort sowohl (1) den Zugang zum Stoff ermöglicht als auch (2) als Lerngegenstand und (3) als erstes Anwendungsfeld fungiert, stellt das Projekt *„Auf die Zukunft bauen"* dar (vgl. Schlutz 2002). Der Bildungseinrichtung geht es um eine zukunftssichernde Fortbildung für die ländliche Bevölkerung. Hier treffen ökologische Aspekte zunächst auf mannigfaltige Bedenken und Widerstände. Insbesondere ist es immer wieder das Kostenargument und die mangelnde Erfahrung mit der Durchführung. Die Bildungseinrichtung plant deshalb einen Praxistest: den Bau eines Ökohauses (als Teil des eigenen Gebäudekomplexes) unter Einsatz zukunftsträchtiger und ressourcenschonender Bautechniken. Etwa 50 jüngere Personen aus der Landwirtschaft erklären sich bereit, in kleinen Gruppen unter Anleitung von erfahrenen Fachkräften mit zu arbeiten. *Arbeiten wird mit Lernen verbunden.* Unter Anleitung dieser Fachleute gewinnen die Teilnehmer Kenntnisse über den Umgang mit ökologischen Baumaterialien, über deren Wirkungsweise und den nötigen Arbeits- und Kostenaufwand. Gleichzeitig werden Umsetzungsmöglichkeiten in den eigenen Betrieben geprüft. Einmal fertig gestellt, wird das Haus zum informativen Beispiel, aber auch zum Ausgangspunkt weiterführender Projekte zugunsten einer ökologischen Landwirtschaft.

Der Ortswechsel stellt eine bestimmte ***Veränderung der Lernorganisation*** dar. Viel umfassender wird die Lernorganisation geändert in dem Projekt *„Offenes Lernen"* (vgl. Schlutz 1999). Wie viele andere Bildungseinrichtungen stand auch dieser Anbieter für berufliche Aus- und Weiterbildung in der ersten Hälfte der 90er Jahre vor der Frage, wie man divergierende Umweltanforderungen verarbeiten und beantworten könne: z.B. sinkende Fördermittel und steigenden Kostendruck, größere Heterogenität der Teilnehmer und Differenzierung der zu vermittelnden Berufsbilder, neuartige Erwartungen an die Qualität der Ergebnisse und die Qualitätssicherung der Institution. Trotzdem fand die Einrichtung letztlich eine Antwort „aus einem Guss".

Kern der Neuerungen ist die *Individualisierung* des Lernens durch Aufsprengen der geschlossenen Maßnahmencurricula bei der gewerblichen Ausbildung und Umschulung. Dazu werden einerseits die Stoffvorgaben so modularisiert, dass bearbeitbare Untereinheiten entstehen, die teilweise für mehrere angezielte Berufsbilder genutzt werden können. Andererseits wird die direkte Lehre durch Ausbilder oder Lehrkräfte fast völlig abgeschafft. Die starren Stundenpläne mit einem gemeinsamen Lehrangebot für ein bestimmtes Berufsbild und alle Mitglieder einer bestimmten Gruppe werden aufgehoben. Stattdessen wird eine Flexibilität von Lernzielen, Lerndauer, nötigen Lerninhalten, genutzten Lernorten und Selbstlernmaterialien angestrebt. Im Mittelpunkt steht das selbständige Lernen des Einzelnen, der aufgrund einer Eingangsdiagnose und weiteren Beratungen ein individuell zugeschnittenes Programm durchläuft, das mittels individueller Zielvereinbarungen, entsprechender Checklisten und Tests gesteuert, wöchentlich nachjustiert und umfassend dokumentiert wird. D.h., die Lernenden erbringen eine weitaus höhere Eigenleistung als üblich, die aber zugleich intensiver und effektiver wird, weil die Lernschritte und Zwischenergebnisse so transparent und verfolgbar werden, dass individuellere Unterstützung und Beratung möglich wird.

Verbindungen von Individual- und Gruppenarbeit gibt es vor allem in der Werkstatt. Dort muss sich jeder auf einen Teil der Aufgabe vorbereiten und ihre Bewältigung den anderen nahe bringen: *Lernen durch Lehren*! Die den Lernenden abgeforderte Selbstorganisation muss durch viel Fremdorganisation erfolgsorientiert abgestützt werden: Statt Instruktion leisten die bisherigen Lehrkräfte z.B. ständige Diagnose und Beratung als Hauptaufgabe. Um Stoffe in Selbstlernprozessen zu vermitteln, müssen entsprechende *Selbstlernmaterialien* erstellt werden (weil geeignete Programme kaum vorhanden sind), von der Papierform bis zu intranet-unterstützten Angeboten. Dazu braucht es die Einrichtung unterschiedlicher, miteinander verbundener *Lernorte* („Lerninseln"). Die Organisation muss nach und nach – mit Hilfe teilautonomer Teams – ganz auf die teilnehmerzentrierte Lernorganisation und deren Qualitätssicherung umgestellt werden.

Der Nutzen solcher Maßnahmen liegt nicht nur in einem individuelleren Eingehen auf Einzelne mit ihren jeweiligen Voraussetzungen und Schwierigkeiten, sondern zeigt sich beispielsweise auch darin, dass für mehr Berufsbilder neben- und miteinander qualifiziert werden kann, so dass am Arbeitsmarkt zur selben Zeit unterschiedliche Qualifikationsprofile mit nur wenigen Absolventen/Konkurrenten angeboten werden, was deren Vermittlungschancen erhöht. (Anmerkung: Auch die hier gemeinte Einrichtung ist inzwischen von den Neuerungen in der Arbeitsförderung negativ betroffen. Das entwertet selbstverständlich nicht die grundsätzliche Bedeutung dieses innovativen Versuchs.)

4.3.3 Personale Kompetenz stärken (Umgang mit Ungewissheit und Offenheit)

Die Person unmittelbar zu unterstützen, diese Aufgabe stellt sich angesichts des beschleunigten Wandels, der damit verbundenen Lernzwänge, Veränderungs- und Flexibilisierungsanforderungen. Für Weiterbildungseinrichtungen bedeutet dies, soweit entsprechende Bedürfnisse erkennbar werden: übergreifende Kompetenzen für Veränderung zu unterstützen, zur persönlichen und sozialen Identität beizutragen. Dauernde Flexibilität will nicht nur gelernt, sondern auch ertragen sein. Zukunftsoffenheit und größere Ungewissheit führen dazu, dass Lernen immer weniger das Abarbeiten vorhandener und fertiger Wissens- und Lernpakete bedeutet, sondern offenere Suchbewegungen verlangt und einen kreativeren Umgang mit Wissen und Nicht-Wissen.

Einige Projekte arbeiten mit Vorgehensweisen der modernen Kunst, um die grundsätzliche ***Prozess- und Ergebnisoffenheit*** als kritisches, aber auch konstruktives Moment erleben zu lassen. So haben sich etwa *Erzieherinnen aus der ehemaligen DDR* – innerhalb einer Nachschulung – einem völlig offenen künstlerischen und kreativen Prozess ausgesetzt, indem sie bestimmte haptische und bildnerische Materialen (Papier- und Pappreste, leere Räume und Farben, Schrott) als Anregung zur freien Gestaltung akzeptiert haben. Sie lernen daran, dass es wenig hilft, eine zukunftsoffene Situation – wie ihre eigene – vorab mit eingeschliffenen Verfahren „in den Griff bekommen“ zu wollen. Auch auf Belehrung wird verzichtet. Später entdecken sie dann, dass sie die dabei gewonnen spielerischen und kreativen Erfahrungen auf ihre „neue“ Arbeit mit Kindern übertragen können (Schlutz 1999). Das heißt, eine Strukturähnlichkeit zwischen der selbst erfahrenen Lernsituation und dem Sich-Einlassen-Können auf die kreativen Möglichkeiten von Kindern hat diesen Erfolg letztlich unterstützt.

Dass die ***Lernfähigkeit*** zu verbessern ist, ist eine alte Anforderung an Jugend- und Erwachsenenbildung, die in den letzten Jahren aber verstärkt Nachdruck erfahren hat. Wie Lernfähigkeit jenseits formaler Arbeitstechnik und Gedächtnisübung zum Bildungsgegenstand werden kann, zeigen zwei konträr vorgehende Projekte. Das Projekt *„Lernberatung“* (Schlutz 1999) widmet sich – innerhalb von

Qualifizierungslehrgängen für Berufsrückkehrerinnen – explizit auch dem Lernen der Einzelnen und der Gruppe. Dabei hofft man, den damit verbundenen „Zeitverlust" durch eine größere Effektivität beim Fachlernen wieder auszugleichen. Innerhalb des Unterrichts wird gleichsam eine zweite Arbeits- und Aufmerksamkeitsspur eingerichtet, die das Lernen selbst zum ständigen Thema macht.

Die Erinnerung an das bisherige Lernen und die erworbenen Fähigkeiten sollen eine biographische Lernkontinuität sichern und zugleich die Verarbeitung des neu zu Lernenden verbessern. So schlichte, aber überzeugende Mittel wie das Führen eines Lerntagebuchs und die Institutionalisierung von gemeinsamen Lernkonferenzen vergegenständlichen den Lernprozess, machen ihn durchsichtiger, verbinden individuelle und öffentliche Lernvorgänge, erhöhen durch wechselseitige Beratung Selbständigkeit, Selbstbewusstsein, aber auch Teamfähigkeit. Die Lernkonferenzen werden zu Planungskonferenzen und führen schließlich auch zur Flexibilisierung und Mitsteuerung der „eigentlichen" Maßnahme durch die Teilnehmerinnen. Die anscheinende Dichotomie von fremd organisiertem Lehren und selbst organisiertem Lernen wird so tendenziell aufgehoben.

Probleme mit dem Wissenserwerb ergeben sich heute nicht nur aus der explosionsartigen Wissensvermehrung, sondern bei der Frage nach der Verlässlichkeit des Wissens (etwa bei Internetinformationen) und angesichts einer zunehmenden Verunsicherung, die oft gerade Menschen erfasst, die sich weiterbilden und dabei erst recht die potenzielle Unendlichkeit neuer Wissensbestände erfahren. Der Club of Rome hatte schon vor mehr als zwanzig Jahren gefordert, Menschen dürften nicht nur passiv vorhandenes Wissen adaptieren, sondern müssten selbst aktiv neues Wissen generieren bzw. daran beteiligt werden.

Dieser Aufgabe hat sich das Projekt *„TU WAS"* (Schlutz 1999) – neben deutlich politisch-ökologischen Zielen – verschrieben. TU WAS will die ökologischen Verhältnisse in einem Landkreis recherchieren, kartografieren und, falls nötig, Verbesserungen erzielen. Ein von der Volkshochschule moderierter und unterstützter Arbeitskreis von durchschnittlich 150 Interessierten setzt sich regelmäßig bestimmte Aufklärungsziele (beispielsweise zum Zustand der Gewässer im Landkreis). Die Wissensgrundlagen dazu werden, durch Expertinnen unterstützt, selbst erarbeitet und erforscht. Mit Hilfe der Presse werden Ergebnisse publiziert und in konstruktiver Auseinandersetzung mit den Verursachern in mögliche Verbesserungen umgesetzt.

Vermieden werden sollen auf jeden Fall bloße Naturschwärmerei und moralisierende Rechthaberei. Ein Zentrum der Aktivitäten ist deshalb das „Umweltmessen", bei dem angeleitete Laien systematisch den ökologischen Status der Region erforschen und vollständig kartografieren. Fragen der Methodenabhängigkeit (z.B. quantitatives oder qualitatives Vorgehen) und der Verallgemeinerbarkeit von Wissen werden in der Wissensproduktion selbst mitgelernt. Die Beteiligten lernen dabei nicht nur, neues Wissen selbständig hervorzubringen und auf seine Verlässlichkeit hin zu prüfen, sondern auch einen anderen ***Umgang mit Wissen und Ungewissheit***. Denn jedes neue Wissen „produziert" auch wieder „neues Nicht-Wissen" und macht eine Verständigung darüber nötig, wie man trotz dieser „Wissenslücken" dennoch auseinandersetzungs- und handlungsfähig bleiben kann.

Diese Idee des Selberforschens ließe sich – natürlich in ganz anderen Organisationsformen – sicher auf viele andere Lebens- und Arbeitsbereiche übertragen.

4.4 Innovationspolitik mit neuen oder veränderten Dienstleistungen?

Das zuletzt genannte Projekt zeigt noch einmal, dass Innovationen den Bildungseinrichtungen *„Grenzüberschreitungen"* abverlangen, hier u.a. das Hinausgehen aus der Einrichtung, die Erweiterung des üblichen Lernangebots um Forschen und Publizieren. Mit der Beispielkette insgesamt sollte nicht behauptet werden, so werde sich das organisierte Lernen insgesamt verändern. Aber es sollten einige Veränderungs*möglichkeiten* angedeutet werden, die plausibel erscheinen, weil sie auf grundlegende Bildungsanforderungen in der Wissensgesellschaft antworten.

Fassen wir das Vorgestellte noch einmal unter zwei anderen Blickwinkeln zusammen:

(1) (Wie) verändert sich der traditionelle Dienstleistungstypus, die kompakte Seminarform, welche neuen Möglichkeiten zeigen sich schon?

(2) Welche Schritte zur „Innovationspraxis" sind denkbar – auch in einem schwierigen Umfeld – und welche Rolle könnte diese für die Angebotspolitik und den Anbieter spielen?

4.4.1 Entwicklungsmöglichkeiten für Bildungsdienstleistungen

Die ***Angebotsformen*** werden vielfältiger. Dabei sind kaum dominante oder einseitige Tendenzen zu erwarten. So könnte man eine geringere *Bedeutung pädagogischer Kräfte* erwarten (z.B. aufgrund von Eigenlernen und E-Learning); in anderen Angebotsformen verstärkt sich aber der Anteil personaler Leistungen: etwa aufgrund kreativer und subjektbezogener Methoden oder infolge stärkerer Betreuungs- und Beratungsintensität. Ähnlich ambivalent sieht es im Hinblick auf die *Individualisierung* der Angebote aus. Zwar zeigen sich stärkere Bedürfnisse nach Individualisierung des Lernens und der Supportangebote (vgl. Kap. 1.2); daneben gibt es aber auch Tendenzen zu größerer Standardisierung, z.B. im Interesse größerer Qualitätskontrolle oder des flexibleren Einsatzes modularisierter und d.h. auch genormterer Angebote. Die neuen Medien zeigen beide Tendenzen zugleich: stärkere Standardisierung durch Programme, festgelegte Lernkontrollen usw., aber auch individuellere Wahlmöglichkeiten im Hinblick auf Lernzeiten, Lernorte, Wiederholungsmöglichkeiten.

Innovationen – Gesamteindruck

Die Beobachtungen lassen – bei aller Vorsicht – darauf schließen, dass die vielfältigeren Anforderungen der Wissensgesellschaft und des lebenslangen Lernens nicht mit einheitlichen und einseitigen Lösungsangeboten zu beantworten sind, sondern eher mit einer größeren Vielfalt an Lernansätzen und Bildungsdienstleistungen.

Nach diesem Gesamteindruck sollen die ***didaktischen und lernorganisatorischen Mittel*** zusammengefasst werden, die zur Veränderung von Bildungsdienstleistungen beitragen.

Innovationen – Mittel (Tools und Leistungsarten)
▪ indirektere Instruktion
▪ Kreativmethoden
▪ „Neue“ Medien
▪ Selbstlernmaterialien /-programme
▪ Lernberatung
▪ Coaching, Beratungsformen
▪ Arbeit an Lernfähigkeit
▪ Neue Lernorte
▪ Neue Lernorganisation
▪ Größerer Leistungsmix
▪ Vernetzung, Kooperation

Zunächst gibt es Veränderungen auf der *mikrodidaktischen Ebene der Lehr-Lern-Organisation,* die sich allerdings bereits seit 20 Jahren in Veranstaltungsankündigungen andeuten (Körber 1995, Schrader 2000). Die direkte Instruktion tritt zurück hinter die indirekte, die eine höhere Eigenaktivität der Lernenden verbindet mit kreativeren Gestaltungsmitteln und kommunikativen Methoden. Die Beispiele aus den Preisvergaben unterstreichen diese Entwicklung, ohne allerdings die Lehrkraft zu verabschieden, die als Repräsentant der Sache, als Animateur oder als verlässliche Beratungskraft offensichtlich noch gebraucht wird. Dabei wird die Art der Dienstleistung nicht grundsätzlich verändert, wohl aber ihre Methodik und damit ihre Leistungstiefe.

Zwei neuere oder verstärkt auftretende Phänomene können sowohl der Anreicherung bisheriger Dienstleistungen dienen als auch zu selbständigen Leistungsangeboten führen:

- die Herstellung von *Selbstlernmaterialien* (in Form von Lerntexten, netzgestützten Übungsangeboten usw.)
- und die *Lerndiagnose und -beratung.*

Beide Aufgaben sind im Grundsatz schon bekannt, etwa in Form von Arbeitspapieren und Lehrbüchern einerseits, in Form von Kursberatung andererseits. Ihr stärkerer Einsatz ist natürlich auch Ausdruck des Trends zum indirekteren Lehren. Aber an einigen Beispielen (z.B. „Lernberatung“, „Offenes Lernen“) kann man beobachten, wie sich diese Leistungen zu verselbständigen beginnen. Zum Beispiel dadurch, dass die Beratung einen institutionalisierten Ort und bestimmte Zeiten bekommt (im Kurs oder als zusätzliche Leistung). Von da aus ist es nicht mehr weit zu dem Schritt, Beratungsformen (z.B. Angebots-, Lern-, Bildungs- oder Berufslaufbahn-, Organisationsberatung, Coaching, Supervision) auch als wirtschaftlich selbständige Leistungen anzubieten.

Das gelingt allerdings nicht immer, besonders schwierig scheint es, noch nicht klar definierte Beratungsformen für individuelle Kunden kostenpflichtig anzubieten. Dazu müssten Beratungsformen und ihre Leistungen deutlicher ausdifferenziert und definiert werden. Zugleich müsste das professionelle Potenzial (Diagnostik, Setting, Lösungstyp) dafür ausgewiesen werden. Lernberatung etwa fällt nicht einfach als Nebenprodukt guter Lehre ab, sondern verlangt zusätzliche diagnostische Fähigkeiten und oft ein weitergehendes Arbeiten an der Lernfähigkeit der Klienten. Ich betone das hier so stark, weil im Beratungssektor ein großes Zukunftspotenzial für Weiterbildungsdienstleister angelegt ist.

Das Bedürfnis nach Individualisierung von Lernwegen und Betreuung kann auch zur grundsätzlichen Veränderung oder zum Aufbrechen von *Lernorganisation* führen, wie es das Beispiel „Offenes Lernen" zeigt. *Neue Lernorte* können einige Lernschwierigkeiten überwinden helfen, wenn sie das Angebot näher an die Personen heranbringen, Vermittlung erleichtern durch realitäts- und gegenstandsnahe Lernumgebungen oder Transfer verkürzen durch Anwendungsnähe. Dabei kann die gewohnte Seminarform am neuen Ort (Beispiel: Sprachenlernen im Zug) beibehalten werden; der neue Ort bzw. seine didaktische Nutzung kann aber auch die Struktur der bisherigen Bildungsdienstleistungen verändern (z.B. Coaching des Lernenden im Hinblick auf einen anderen Lernort, z.B. am Arbeitsplatz, an dem der Berater selbst nicht präsent ist) oder neue zusätzliche Leistungen erforderlich machen (ökologisches Bauen, betreutes Wohnen). Besonders häufig werden Bedarfe nach Lernen am Arbeitsplatz oder nach arbeitsbegleitendem Lernen geäußert. Aber ähnlich wie bei den Beratungsformen müssen auch diese Bedarfe genauer unterschieden und Dienstleistungsmöglichkeiten dafür kreiert werden.

Das Experimentieren mit *virtuellen Räumen und neuen Medien* könnte man auch Software-Produzenten und Spezialanbietern außerhalb bisheriger Bildungsdienstleistungen überlassen. Erfahrungen mit den Einsendungen zur Preisverleihung sprechen vehement dagegen (vgl. Kap. 4.3, zu Café Mondial). Bildungsmanagement und Pädagogik sollten sich mit den didaktischen Möglichkeiten der neuen Medien befassen und ihre Expertise zumindest bei deren Auswahl, besser noch bei der Gestaltung einbringen. Dazu gehört die Überlegung, ob

- vorhandene Produkte in eigene Angebote integriert werden können,
- selbst Materialien angefertigt,
- netzgestützte Angebote gemacht werden sollten
- oder ganz bewusst auf E-Learning-Anteile verzichtet wird, weil das eigene Angebot dadurch nicht verbessert würde.

Kooperationen mit Spezialisten wie Verlagen oder Technikherstellern liegen bei den ersteren Entscheidungen nahe.

Damit zeichnen sich nicht nur einzelne neue Dienstleistungstypen ab, sondern neue Leistungskombinationen und Vernetzungen mit anderen Anbietern. Überhaupt deutet sich ein stärkerer „Leistungsmix" an: Dieser muss sich nicht auf die Zusammenstellung unterschiedlicher Lernhilfen, etwa in Form des blended learning, beschränken, sondern kann auch, wie gezeigt, die Kombination von „genuinen" Bildungsdienstleistungen und anderen Angeboten umfassen (z.B. Lernen und Arbeiten; Qualifizierung und soziale Betreuung; Lernen, Forschen und Publizieren.).

Fassen wir zusammen: Welche Entwicklungsmöglichkeiten zeigen sich gegenüber dem traditionellen Seminarangebot (personale Vermittlung in Lerngruppen, Erwartungsabfrage und Erfolgskontrolle eingeschlossen)?

Veränderungen gegenüber dem traditionellen Dienstleistungstyp

Bildungsinnovationen

- ***modifizieren*** bisherige Dienstleistungen (durch auffällige Akzentuierung, Anreicherung oder Intensivierung einzelner Leistungselemente);
- ***kreieren*** neue Bildungsdienstleistungen, z.B. durch Herauslösung und Verselbständigung von Leistungskomponenten aus traditionellen Angeboten (u.a. Bedarfserhebung, Beratung, Coaching, Medienangebot);
- ***verbinden*** Bildungsdienstleistungen mit andersartigen Dienstleistungen, wie z.B. Arbeitsbeschaffung, Organisationsberatung, Therapie zu einem neuen Leistungsmix.

Solche Verbindungen ungleichartiger Dienstleistungen gehen häufig aus einer umfassenderen Problem- und Bedarfsanalyse hervor, die zeigt, dass reine Bildungsangebote zu kurz greifen würden oder nachhaltigere Folgen haben könnten, wenn sie durch andere Leistungen ergänzt würden (z.B. durch Arbeitsvermittlung). Die unterschiedlichen Leistungen können durch eine Erweiterung der eigenen Geschäftsfelder, aber auch durch *Kooperation* spezialisierter Dienstleister zustande kommen. Man spricht von *vertikaler* Kooperation, wenn Leistungen zusammengebracht werden, die mit unterschiedlichen Betriebsmitteln erbracht werden oder auf unterschiedlichen Wirtschaftsstufen angesiedelt sind. *Horizontale* Kooperation würde man dagegen eine Zusammenarbeit oder Arbeitsteilung unter Bildungsanbietern nennen.

4.4.2 Innovationspraxis – auch unter schwierigen Bedingungen?

Grundsätzlich muss die Angebotsprogrammpolitik von Bildungsanbietern auf eine *Ausgewogenheit von Kontinuität und Innovation* bedacht sein. Der Anbieter muss für das Publikum wiedererkennbar sein und – angesichts des Kaufrisikos – Vertrauen wecken und erhalten; er muss aber auch – im Interesse des Abnehmernutzens – offen für neue Aufgaben sein, also resonanzfähig im Hinblick auf Herausforderungen erscheinen. Das entspricht den beiden Modi des Lernens, wie sie der große Schweizer Lernforscher Piaget beschrieben hat: Wer lernt, versucht zunächst, das Unbekannte mit Hilfe der bisherigen Lern- und Denkschemata zu erfassen (Piaget nennt diesen Vorgang Assimilation); angesichts größerer Herausforderungen reichen die alten Schemata aber oft nicht und man muss den Mut haben, die Schemata selbst im Hinblick auf neue Anforderungen zu modifizieren oder radikaler umzustellen (Piaget: Akkomodation). Wenn man aber unter äußeren oder inneren Druck gerät, liegt es nahe, sich ängstlich auf Bewährtes zurückzuziehen. Ist Innovationspraxis also eher etwas für den Sonntag oder für ruhige Zeiten?

Kurz vor Beendigung dieses Buches haben wir im Herbst 2005 als Start für ein neues, von der Deutschen Forschungsgemeinschaft gefördertes Projekt „Dienstleistung Weiterbildung“ eine Interviewserie zur aktuellen Lage der Weiterbildung durchgeführt (Kil/Schlutz 2006). Gesprächspartner waren 40 Vertreter/innen aus Dachverbänden, Interessengemeinschaften und Supporteinrichtungen der gesamten Weiterbildung. Auf die Frage, wie sie die Stimmung in der Praxis momentan einschätzten, antwortete nur ein einziger mit „gut“, eine Reihe mit „uneinheitlich“ oder „durchwachsen“ und über die Hälfte mit „miserabel“ oder „sehr negativ“. Die Handlungsspielräume würden enger, die Konkurrenzsituation z.T. verwirrend, Nachfrage und Einnahmen sänken, viele Anbieter seien in ihrer Existenz bedroht oder hätten schon Insolvenz angemeldet.

Als Gründe werden vor allem Finanzierungsschwierigkeiten genannt. Diese beträfen alle denkbaren Quellen gleichzeitig: Von je einem Drittel der Befragten wird besonders herausgestellt: der weitere Rückgang der öffentlichen Förderung, die Umstellungen bei der Bundesanstalt für Arbeit und die größere finanzielle Zurückhaltung bei den individuellen und institutionellen Nutzern (daneben auch die Veränderung im Hinblick auf SGB III). Da zu viele Anbieter in die gleichen, noch Gewinn versprechenden Marktsegmente drängten, zeige sich dort Marktsättigung. Zugleich verunsicherten Wirtschafts-, Arbeitsmarkt-, Sozial- und Bildungspolitik durch wenig klare Perspektiven.

„Wie reagieren in einer Phase der „Marktbereinigung“ die Anbieter, die sich unmittelbar vom Veränderungsdruck bedroht fühlen, auf diese Herausforderung?“ haben wir die Experten gefragt.

In den Antworten zeigten sich drei Reaktionsmöglichkeiten, die als ähnlich gewichtig – vielleicht mit etwas abfallender Häufigkeit – angesprochen werden:

- *Regression/Rückzug*: Kostenreduktion, Abbau von Personal und „teuren“ Programmen, Minimierung finanzieller Risiken (Investitionen);
- *Konservative bewahrende Haltung*: Pflege des Bestandes, sorgfältigere Kundenorientierung, Optimierung der gängigen Instrumente wie Nachfrageorientierung, Marketing/Angebotsberatung, Qualitätspflege;
- *Progression/expansives Verhalten*: durch neue Angebotsinhalte und Angebotsformen (Dienstleistungen), durch Arbeitsteilung und Vernetzung mit anderen.

Alle drei Haltungen sind sicher nachvollziehbar, aber erstaunlich ist doch, dass viele Anbieter auch in dieser Situation den gewagter erscheinen Weg der Neuerung gehen, nach „Handlungsspielräumen suchen“. Es wurden sogar etwa 100 Beispiel von Anbietern genannt, die man in dieser Hinsicht für vorbildlich hielt. Dabei erscheint die Strategie, mit (aus eigener Sicht) neuen Angebotsinhalten aufzutreten, in einer Situation der Marktsättigung relativ riskant, wenn man nicht wirkliche Nischen findet oder feste Kunden mittelfristig binden kann (s. Beziehungsmarketing Kap. 1.4).

Strategisch lägen eigentlich die Arbeitsteilung/Vernetzung oder die Entwicklung neuer Angebots*formen* und Dienstleistungs*arten* näher, die aufbauend auf bisherigen inhaltlichen Kompetenzen den möglichen Bedarf variabler zu befriedigen suchen als allein durch traditionelle Seminarangebote. Damit sind wir wieder beim Thema dieses Kapitels. Aber ist die Innovationskraft, die dafür erforderlich ist, innerhalb einer Bestandskrise aufzubringen?

Deshalb ist die Frage: Wie kommt man schrittweise – auch im Sinne einer kreativen Angebotspolitik – zu solchen Innovationen?

Wenn man sich noch einmal das ein oder andere oben skizzierte Innovationsprojekt vorstellt, dann wirken deren Mittel durchaus nicht immer gänzlich neu, sondern stellen öfter Wiederentdeckungen historischer Bildungsansätze dar oder neue Kombinationen bekannter Mittel oder ungewöhnliche Zuspitzungen auf den bestimmten Fall. Dadurch könnte der Eindruck entstehen, innovative Projektplaner/innen griffen nur in eine Art „Innovationsbaukasten“, um beliebige Versatzstücke einer bereits etablierten „Innovationskultur“ herauszugreifen und damit als innovativ gelten zu wollen. Aber innovative Akteure gehen offensichtlich selten so vor.

Im Kern ist die Innovation eine pädagogisch-didaktische Neuerung. Dabei ist eine Kenntnis möglicher Veränderungsansätze, wie sie hier dargestellt wurden, sicherlich hilfreich. Aber solche formalen Möglichkeiten sind – außer im Falle der neuen Medien – selten Auslöser von Innovationen, etwa nach dem Muster: Die Angebotspolitik braucht Innovationen? O.K., basteln wir uns doch welche!

Der *Anstoß*, Ungewohntes zu probieren, kommt meist aus dem Bewusstsein, ein wichtiges Problem bisher nicht gelöst zu haben, bzw. aus dem professionellen Anspruch heraus, für eine ganz konkrete Aufgabenstellung neuartige Lösungswege zu finden. Letztlich scheint es der *potenzielle Lösungswert der Innovation* für das Ausgangsproblem zu sein, der als zentraler Antrieb wirkt, Neues dann auch zu wagen.

Selbstverständlich wird die Suche nach Neuerungen eher durch eine expansive Ausrichtung der Angebotspolitik gefördert. Dennoch gibt es keinen gradlinigen Zusammenhang zwischen Expansion und Innovation. So ist z.B. das Projekt „Offenes Lernen“, durch das schließlich die gesamte Organisation auf individuellere Curricula und Lernwege umgestellt wurde, ursprünglich aus einem Zwang zur Konsolidierung und Einsparung hervorgegangen. Not macht eben doch (auch? manchmal?) erfinderisch.

Letztlich entscheidet wohl die pädagogisch-didaktische Resonanzfähigkeit darüber, ob ein Anbieter in einer bestimmten Situation – sei es aus Veränderungsdruck oder Veränderungslust – den Weg der Vorwärtsstrategie, der Neuerungen einschlägt. Dabei können es auch anscheinend kleine, aber „pfiffige“ Ideen sein, die den Innovationswert bewirken. Der Grad einer Innovation bemisst sich also nicht am Organisations- oder Finanzaufwand der Veränderung. Effizienz ist sowohl für Ökonomie als auch für Didaktik wichtig: Beide wollen Nutzen mehren, den Aufwand dafür aber möglichst niedrig halten.

Ganz risikolos lassen sich Innovationen allerdings nicht durchführen.Wie das *Risiko von Innovationen* für alle Beteiligten – für Auftraggeber, Lernende, freie Mitarbeiter und den Anbieter selbst – abgefedert wird, haben wir die Preisbewerber/innen nicht fragen können. Die Höhe des Risikos hängt dann doch auch vom Umfang der Innovation und vom Grad ihrer Grenzüberschreitung ab. In der Praxis wird eine Neuerung zunächst meist in einem Teilbereich erprobt oder als Anreicherung eines bereits bewährten Angebots, das zumindest das bisherige Leistungsniveau erfüllen wird, eingesetzt. Je mehr aber investiert oder die Organisation im Interesse des Versuchs umgebaut werden muss, desto größer wird selbstverständlich der Erfolgsdruck. Für den möglichen Fall eines nicht ganz befriedigenden Verlaufs muss über alternative Fortsetzungen und Kompensationsleistungen nachgedacht werden, nicht nur für die Teilnehmenden, sondern auch für die hauptberuflichen und freien Mitarbeiter/innen.

Die Größe des Risikos muss einer Hoffnung auf größeren *Gewinn* entsprechen. Als Gewinn, den sich die Preisbewerber/innen von ihrer Innovation erhoffen, kann man unterscheiden zwischen

- einem deutlich größeren *Teilnehmererfolg* und -nutzen bzw. einer größeren Kundenzufriedenheit,
- einer nachhaltigen *Weiter- oder Neuentwicklung* eines Angebotsteils oder eines Geschäftsfeldes,
- einem *Imagegewinn* als innovative oder progressive Anbieterin.

Innovationspraxis – Arbeitsansätze
▪ Balance von Kontinuität und Veränderung
▪ Resonanzfähigkeit für Problemlagen
▪ Lösungen durch alternative Angebotsentwicklung
▪ Mögliche Risiken für alle Beteiligten abfedern
▪ Abwägen von Aufwand und Ertrag: ▪ materieller Ertrag, ▪ Kundenzufriedenheit ▪ Angebotserweiterung ▪ Imagegewinn
▪ Selbstmotivierung durch Lösungswert und „Ereignischarakter“

Der Imagegewinn ist schon deshalb wichtig, weil Innovation nicht per se auf Dauer zielt, sie kann durchaus auch kurze Produktzyklen eröffnen, die aber der Attraktivität des Angebots und des Anbieters dienen. So machte es beispielsweise keinen Sinn, ein Haus, durch dessen Bau ein wichtiger Lernprozess unterstützt wurde, immer wieder abzureißen und neu aufzubauen; vielmehr muss das so erstellte Potenzial anders und kreativ genutzt werden, was vielleicht nach weiteren Innovationen verlangt.

Gerade aufgrund ihres Risikocharakters stellen Innovationen aber auch „Highlights“ der Angebotspolitik und -gestaltung dar, nicht nur nach außen, sondern auch für Mitarbeiter, die das Risiko zunächst in Kauf genommen und dann bewältigt haben. Eine innovative Angebotspolitik bekommt deshalb auch für ihre Akteure „Ereignischarakter“. Das ist ein weiterer möglicher „Ertrag“ innovativer Bildungsarbeit.

Denn Weiterbildung ist in ihrer Kernleistung und in ihren Erfolgen wenig sichtbar, z.T. auch für Bildungsmanagement und Mitarbeitende selbst. Eine Beschäftigung mit ausgewählten innovativen Vorhaben kann zur Schwerpunktbildung, zur zeitweiligen Konzentration auf besonders wichtige Aufgaben beitragen. Diese kann sich zugleich auch motivierend auf die nötige Routinearbeit auswirken. Angebotsinnovationen können zu Glanzlichtern werden innerhalb einer schon sprichwörtlichen „Unübersichtlichkeit“, zu Wegweisern zwischen der anscheinenden Fülle möglicher Optionen und der (subjektiven) Begrenztheit von Realisierungsmöglichkeiten (Schäffter 1998). Was dies emotional bedeuten kann, drückt ein Mitarbeiter schlicht so aus: „Eine Innovation ist etwas, was man so noch nicht hatte – und man soll sich freuen darüber“ (Klaus Götz in Schlutz 1999, S. 193).

Fragen zum Themenbereich „Dienstleistungsinnovationen und Angebotspolitik“

- Wenn Sie in letzter Zeit Angebote verändert oder neu angesetzt haben, wie würden Sie diese einordnen mit Hilfe der Möglichkeiten der qualitativen Prüfung (Modifikation, Ausdifferenzierung, Diversifikation)?
- Wie wird in Kapitel 4.2 Bildungsinnovation definiert?
  Können Sie sich dieser Definition anschließen oder würden Sie – auch aufgrund von Praxiserfahrungen – andere Gesichtspunkte und Bewertungsmaßstäbe einbeziehen? Welche Herausforderungen an eine größere Innovationsfähigkeit sehen Sie im Hinblick auf Ihre Einrichtung und Ihren Erfahrungskreis?
- Falls Sie schon an der Planung für neue Angebote teilgenommen haben (es müssen nicht gleich Innovationen sein): Welche der hier angedeuteten Überlegungen haben dabei eine Rolle gespielt, welche anderen Erwägungen und Vorgehensweisen waren bestimmend?
- Sie haben in Begleitung zum vorigen Kapitel 3 ein Konzept für eine Lehrveranstaltung skizziert. Überlegen Sie, ob dabei die Innovationsfrage eine Rolle gespielt hat oder ob Sie sich vorstellen könnten, diese Planung durch ein innovatives Element anzureichern oder zu verändern.

Literatur zur Vertiefung:

Loeber, Herbert/Severing, Eckart (Hg.) (2005): Bildungsträger werden Bildungsdienstleister. Konzepte, Erfahrungen, Perspektiven. Bielefeld

Schlutz, Erhard (Hg.) (2002): Innovationen in der Erwachsenenbildung – Bildung in Bewegung. Bielefeld

Schlutz, Erhard (Hg.) (1999): Lernkulturen. Innovationen, Preis, Perspektiven. Frankfurt

5 Stichwortverzeichnis

(Die fett gesetzten Leitbegriffe werden im Glossar erläutert.)

6 Glossar

Angebot, Weiterbildungs-
Ökonomisch betrachtet bezeichnet das „Angebot" das Gut oder die Gütermenge, die ein Anbieter auf dem Markt absetzen will.

Im Bildungsbereich wird der Begriff „Bildungsangebot" traditionell weiter gefasst und meint über das Angebotsstadium bzw. die Absatzfunktion hinaus den besonderen Gegenstand oder die Leistung, die das Spezifikum des Bildungsunternehmens ausmacht.

Im engeren Sinne besteht das Weiterbildungsangebot in der Zusage, ein vorhandenes Leistungspotenzial in Form einer bestimmten Bildungsdienstleistung zu realisieren, die Eigenleistungen der Teilnehmenden (vor allem Lernen) einbezieht.

Angebotsentwicklung
Der Begriff wird hier als Kurzfassung für „die Entwicklung (neuer) Bildungsdienstleistungen" genommen, in der Literatur auch als „Produktentwicklung" bezeichnet. Angebotsentwicklung umfasst als zyklischer Prozess die Planung, Realisierung, Auswertung und Verbesserung des Angebots oder der Dienstleistung. In diesem Studientext liegt der Akzent auf der ersten Phase, der Planung oder Konzeptionierung des Dienstleistungsangebots.

Angebotskonzeption
Dem Bildungsangebot liegt in der Regel eine schriftlich fixierte Konzeption („service design") zugrunde, die Strukturentscheidungen und den wünschenswerten Verlauf der Bildungsdienstleistung enthält (> Modell der Angebots- und Curriculumentwicklung). Die Angebotskonzeption ist Grundlage für Angebotsentscheidungen, für Absprachen mit pädagogischen Mitarbeitern und Bildungsnutzern, ist Ausgangspunkt für Organisation und Realisierung der >Bildungsdienstleistung und (flexibles) Kriterium für ihre Evaluation und Verbesserung.

Angebotspolitik
Ein Aufgabenbereich oder Instrument des Marketing, auch Produkt- oder Leistungspolitik genannt. Im Rahmen der Angebotspolitik entscheidet der Anbieter, mit welchem Programm und welchem Leistungsumfang (in welcher Qualität bzw. mit welcher Auszeichnung) er am Markt auftritt. Angebotsprogrammpolitik wird der Teilbereich der Angebotspolitik genannt, in dem konkrete Entscheidungen über einzelne Angebote (Eliminierung, Beibehaltung, Modifikation, Erweiterung) und über das Profil der Angebotspalette getroffen werden. (>Innovation)

Bedarf, Weiterbildungs-

Weiterbildungsbedarf ist im Kern als ein **Lernerfordernis** zu beschreiben, das sich aus einer Diskrepanz zwischen vorhandenen und wünschenswerten Kompetenzen ergibt. Je konkreter man diese Spannung benennen kann, umso genauer können bedarfsgerechte Weiterbildungsangebote entwickelt werden (> Bedarfserschließung).

Dies ist deshalb nicht immer einfach und eindeutig zu bewerkstelligen, weil Weiterbildungsbedarf aus einer Spannung zwischen einem tieferliegenden > Bedürfnis und seiner vorstellbaren Befriedigung resultiert, die nicht immer oder nicht nur in Bildungsteilnahme gefunden werden muss. (z.B. kann ein Betrieb neue Leute einstellen statt alte fortzubilden). Neben den klassischen Formen der Bedarfsklärung durch Kursberatung und Erwartungsabfrage zu Kursbeginn wird deshalb zunehmend versucht, schon im Vorfeld von Bildungsveranstaltungen Ausgangsprobleme und mögliche Bildungsbedarfe zu klären (>Bedarfserschließung).

Bedarfserschließung

Der Begriff weist darauf hin, dass Bildungsbedarf meist nicht einfach abzufragen ist, sondern oft eine latente und veränderbare Größe darstellt, die zudem mit anderen – individuellen oder institutionellen – Problemlagen vermischt auftritt (> Bedarf).
Basisstrategien der Bedarfserschließung sind: die Angebotsorientierung (Weckung des Bedarfs durch vorgängige Bildungsangebote) und Nachfrageorientierung (Angebotsentwicklung auf der Grundlage eines angemeldeten bzw. erhobenen Bedarfs). Beide Strategien haben unter bestimmten Bedingungen ihre Berechtigung; in der Praxis finden wir vor allem Mischformen auf der Grundlage dieser Basisstrategien (s. Beispiele in Kap. 2.2).

Bedarfshypothese

Begründete Vermutung, dass ein Bedarf nach etwas besteht. Bedarfshypothesen haben im Kern die Form eines groben > Soll-Ist-Vergleichs. Sie können anstelle einer aufwändigen Bedarfserhebung verwendet werden, um ein Probeangebot zu legitimieren, oder als Ausgangspunkt einer systematischeren Bedarfserhebung aufgestellt werden, die die Hypothese erhärten und präzisieren kann.

Bedürfnis

Gefühl eines Mangels und das Streben, diesen zu beseitigen. Bedürfnisse stellen ein Antriebsmoment dar, das in der Trieb- und Motivstruktur des Menschen verankert ist. Sie konkretisieren sich im > Bedarf nach bestimmten Erfüllungen, darunter auch nach Wirtschaftsgütern. Die Spannung zwischen der Unbegrenztheit der Bedürfnisse und der Knappheit von Gütern ist ein Bestimmungsgrund wirtschaftlichen Handelns.

Bildungsdienstleistung, Weiterbildungsdienstleistung

Weiterbildung stellt als Wirtschaftsgut eine > Dienstleistung (s. dort) dar. Als Bildungsdienstleistungen werden solche marktfähigen Leistungen bezeichnet, die der Kunde als selbständige erwerben kann, z.B. eine Seminarteilnahme. Zur Erstellung der Bildungsdienstleistungen sind weitere Vor- und Teilleistungen nötig.

Die Dienstleistung Weiterbildung ist vom Aufwand für alle Beteiligten her nur mit wenigen anderen Dienstleistungen vergleichbar (z.B. Psychotherapie, Forschung, künstlerische Darbietung), weil es sich um eine hochgradig wissensintensive, personenbezogene, möglichst individualisierende Leistung mit tendenziell innovativer Funktion handelt. Wegen ihrer Immaterialität und der dabei zu erbringenden Eigenleistung enthält sie für den Interessenten allerdings ein erhebliches > Kaufrisiko (s. auch „Dienstleistungsmarketing").

Didaktik

Ein Grundbegriff der Erziehungswissenschaft: Theorie und Praxis des Lehrens und Lernens.
Didaktische Konzepte sollen helfen, Inhalte und Prozesse des Lehrens und Lernens zu planen, zu realisieren, auszuwerten bzw. zu analysieren. In diesem Studientext werden bildungs-, lern-, curriculumtheoretische, kommunikative und kritische Konzepte der Didaktik unterschieden. Aufgrund der Vielfalt ihrer Aufgaben kann es für die Weiterbildung keine einheitliche „Bereichsdidaktik" geben. Stattdessen wird vorgeschlagen, ein entscheidungstheoretisch begründetes > „Modell der Angebotsentwicklung" zu verwenden.

Dienstleistung

Als Dienstleistung werden solche selbständigen, marktfähigen wirtschaftlichen Leistungen bezeichnet, die zur Erstellung eines immateriellen Gutes beitragen und deshalb nicht in Form fertiger Produkte übergeben oder getauscht werden können, sondern innerhalb eines Prozesses vermittelt werden.

Wichtige Merkmale sind: Immaterialität, Gleichzeitigkeit von Leistungserstellung und -aneignung, die Integration eines externen Faktors in diesen Prozess (Kunde bzw. ein ihm gehörendes Objekt). Dienstleistungsarten lassen sich differenzieren nach dem Ausprägungsgrad bestimmter Leistungsdimensionen, z.B.: vorherige Bewertbarkeit der Qualität (> Kaufrisiko), Beteiligung und Integration von Personen, Individualisierung/Standardisierung, Immaterialität, Wissensintensität, bewahrende vs. innovative Funktion. (vgl. > Bildungsdienstleistung)

Dienstleistungsgesellschaft
Schlagwort zur Kennzeichnung eines Trends, durch den die Industriegesellschaft sich so verändert, dass Dienstleistungen statt Güterproduktion ins Zentrum des Wirtschaftens rücken, vor allem auch verbunden mit der Hoffnung auf zahlreiche neue Beschäftigungen, die an die Stelle der in der Produktion „wegrationalisierten“ schwindenden Arbeitsplätze treten sollten. Nun werden zwar ständig neue Dienstleistungen und entsprechende Arbeitsplätze geschaffen, aber die Produktion scheint wirtschaftlich unverzichtbar zu bleiben, auch im Hinblick auf neue Dienstleistungen, die vor allem innerhalb von Produktionsbetrieben oder als ihre „Zulieferer“ entstehen. „Freie“ oder haushaltsnahe Dienstleistungen geraten schneller in eine ***„Kostenfalle“***: Dienstleistungen werden für Privatpersonen zu teuer, wenn ihre Einkommen nicht erheblich höher als die der Dienstleistungserbringer sind (USA) oder bestimmte Dienstleistungen nicht durch den Staat ermöglicht werden (Skandinavien). Zudem hat sich gezeigt, dass auch Dienstleistungen rationalisiert werden können, indem sie z.B. durch Fertigprodukte ersetzt werden (Tiefkühlmenü, Lehr-CD-ROM). Häußermann/Siebel (1995) sagen deshalb für die BRD eine ***„Selbstbedienungsgesellschaft“*** voraus.

Dienstleistungsmarketing
Unter Dienstleistungsmarketing verstehen wir ein Teilgebiet des Bildungsmanagements, mit dessen Hilfe die Bildungsorganisation konsequent auf die Erfordernisse der Nutzer/innen ausgerichtet wird. Besonders eng erscheinen die Bezüge zwischen Marketing und Angebotsentwicklung im Hinblick auf die *Wettbewerbs- und Vorteilsstrategien* sowie die > *Angebotspolitik*. Wieweit das Angebot durch das Dienstleistungsmarketing definiert oder verändert werden kann, hängt natürlich von dessen Plastizität und grundsätzlicher Gestaltbarkeit ab, eine Frage, die durch die > Angebotsentwicklung und mit Hilfe von > Innovationen zu beantworten ist.
Grundsätzlich hat das Dienstleistungsmarketing von Bildungsgütern – im Gegensatz zum Produktmarketing oder dem Marketing einfacher Dienstleistungen – mit folgenden Besonderheiten zu kämpfen: Die *Immaterialität und Erfahrungsabhängigkeit des Gutes* enthält ein > Kaufrisiko für den Abnehmer, das durch vertrauensbildende Maßnahmen und (schwierigere) Qualitätssicherung gemildert werden muss. Die prinzipielle *Koproduktion des Leistungsprozesses*, seine Mitgestaltung durch Lernende, macht aus jedem Angebot letztlich ein Unikat bzw. ein Angebot mit großer Schwankungsbreite, so dass das Marketing zwar gewisse Standards zusagen, aber gerade die Flexibilität und Individualität der Leistung als eigentliche *Qualität* herausstellen muss.

Evaluation
Systematischere Auswertung einer Maßnahme, eines Programms oder einer Organisation. Die Evaluation kann von den Betroffenen durchgeführt (*Selbstevaluation*) oder von außen abgenommen werden (*Fremdevaluation*). Ständige Selbstevaluation (auch durch Statistik, Controlling, Kundenbefragung) ist eine wichtige Voraussetzung für Marktbeobachtung und Bedarfserschließung. Von *kommunikativer Evaluation* spricht man, wenn diese in direkter Kommunikation (z.B. mündliche Befragung, Gruppendiskussion), vor allem mit den Betroffenen zusammen vorgenommen wird.

Individualisierung
(1) Soziologische Theorie, wonach im Zuge der Modernisierung/Ausdifferenzierung der Gesellschaft die Chance und der Zwang zur Ausbildung von Individualität und der individuellen Gestaltung von Lebensverhältnissen unaufhaltsam zunehmen.

(2) Im Hinblick auf Bildungsdienstleistungen: die Möglichkeit und das Streben, auf die individuellen Bedürfnisse und Lernvoraussetzungen unterschiedlicher Nutzer einzugehen. In ökonomischer und didaktischer Hinsicht muss das wünschenswerte Ziel der Individualisierung in notwendigen Widerspruch zum ebenfalls wichtigen Ziel der ***Standardisierung*** (Aufwandsreduktion/Kostensenkung, Qualitätssicherung) treten. Bestimmte Individualisierungs-Maßnahmen dienen meist nur einem Aspekt der Individualisierung, vernachlässigen jedoch andere (z.B. CD-Rom fördert orts- und zeitunabhängigeres Lernen, standardisiert aber Eingangsvoraussetzungen, Inhalte und Lernwege).

Innovation
Wörtlich: Neuerung, Erneuerung. Wirtschaftlich betrachtet: die Erstellung und Einführung von neuen, verbesserten und/oder verbilligten Gütern und Dienstleistungen. Nach Schumpeter Pionierleistung von Unternehmen, um den technischen Fortschritt durchzusetzen. Heute wird die ständige Bereitschaft von Unternehmen, Neuerungen zu schaffen, als entscheidende Voraussetzung der Teilnahme am wirtschaftlichen Wettbewerb angesehen.
Im Hinblick auf komplexe Dienstleistungen, wie Bildungsangebote, ist die Benutzung des Innovationsbegriffs weder selbstverständlich noch eindeutig. Als ***Weiterbildungs-Innovationen*** kann man solche neu konzipierten Dienstleistungen bezeichnen, die die Grenzen bisheriger Angebotsformen und -inhalte derart überschreiten, dass für die Abnehmer ein gewichtiger Nutzenvorteil entsteht (woraus sich für den Anbieter ein Wettbewerbsvorteil in Form eines „Pioniergewinns" ergeben kann).

Innovationspolitik
Ein Bestreben der > Angebotspolitik, Innovationen systematisch zu kreieren und herauszustellen. Solche Innovationsbereitschaft und -fähigkeit wird durch Umweltveränderungen eigentlich permanent herausgefordert, z.B. durch neue Bedarfe, neue Medien und ihre Möglichkeiten, durch Anforderungen an immer häufigeres und selbständigeres Lernen, ein gestiegenes Kostenbewusstsein usw. Die Praxis zeigt sich zwar durchaus resonanzfähig und flexibel, bis hin zur Änderung der bisherigen Dienstleistungsformen (> Bildungsdienstleistungen). Allerdings zeigen sich auch Hindernisse für eine Innovationspolitik: das Fehlen systematischer Ansatzpunkte für Innovationen, Schwierigkeiten ihrer Erprobung, der leichten Imitierbarkeit von Dienstleistungen, eine gewisse „Risikoscheu" der Nutzer und die Ungewissheit eines Wettbewerbsvorteils oder Gewinns.

Kaufrisiko
Das entscheidende Kaufrisiko im Hinblick auf Bildungsdienstleistungen liegt in der Schwierigkeit, ihre Qualität und Bedarfsangemessenheit vorab zu prüfen, da dies erfahrungsabhängige Werte sind. Hinzu kommt, dass der mögliche Nutzer bei den meisten Bildungsangeboten prinzipiell auch die Alternative hätte, das Ziel in Eigenarbeit zu erreichen („Make or buy?"). Der potenzielle Kunde muss deshalb nicht nur Hinweise bekommen, die das subjektive Risikogefühl abmildern können („Such-Qualitäten": glaubhafte und realistische Versprechungen, lerngünstige Räumlichkeiten und Umgangsformen der Mitarbeiter, allgemeiner Qualitätsnachweis usw.), sondern muss auch von einer *besonderen Dienstleistungsqualität* des Angebots überzeugt werden, seinem Vorteil gegenüber dem autodidaktischen Lernen (> Lernen und Lehren).

Kunden- und Teilnehmerorientierung

Zwei unterschiedliche Einstellungen und Bemühungen von Bildungsanbietern, die zu Zielkonflikten führen können. Da der lernende Teilnehmer häufig nicht der erste Kunde (Auftraggeber, Finanzier) des Bildungsanbieters ist, kann eine einseitige Orientierung an den Bedarfen und Erwartungen des Kunden (Staat, Betrieb usw.) die Teilnehmenden demotivieren bzw. die Maßnahme misslingen lassen. Das wirft Fragen einer ***Dienstleistungsethik*** auf.

Lebens- und Verwendungssituation

Situation oder Anforderungslage, die mit Mitteln der Weiterbildung schließlich bewältigt werden soll. Schlüsselbegriff der Angebotsplanung in der Weiterbildung und in dem in diesem Studientext vorgeschlagenen Modell der > Angebotsentwicklung.

Lernen und Lehren

Lernen ist eine besondere Form des Handelns, mit dessen Hilfe eigene Handlungs- und Reflexionspotenziale erhöht werden sollen. Lernen zeigt sich im Ergebnis eines Kompetenzzuwachses. *Lehren* ist eine besondere Form des (oft professionellen) Handelns, mit dem Ziel, Lernen zu unterstützen, etwa durch didaktische Präsentation von Informationen, durch Verdeutlichen möglicher Lernwege und Lernmethoden, durch Bereitstellen von Informationsmaterial und Medien bzw. durch entsprechende Beratungen.

Die mögliche Komplementarität von Lernen und Lehren ist eine Grundbedingung für Bildungsdienstleistungen, die in einer *Koproduktion/Interaktion* von Lern- und Lehranteilen realisiert wird. Da das Lernen dabei unverzichtbar ist, das Lehren dagegen vom autodidaktischen Lernenden mitübernommen werden kann, ist der Lernende nicht in jedem Fall auf Bildungsdienstleistungen angewiesen (> Kaufrisiko).

Man kann unterscheiden zwischen *informellem* Lernen und *formellem* Lernen (Lernen im Lebensvollzug und ausdrücklich beabsichtigtem und anberaumtem Lernen), zwischen *autodidaktischen* und *didaktisch angeleitetem Lernen* (Lernen ohne bzw. mit Lehre).

Lernziel

Formulierung der Zielsetzung eines Weiterbildungsangebots aus der angenommenen Sicht eines Teilnehmenden. Benennt die anzustrebenden Qualifikationen, weist auf die Art des erforderlichen Lernens und auf mögliche Erfolgskontrollen hin. Innerhalb der Angebotsentwicklung fungieren Lernziele auch als Kriterien der Inhaltsauswahl und der Angemessenheit von >Methoden und >Medien.

Medien

Formen und Mittel der Begegnung mit Wirklichkeit bzw. der Konstruktion von Wirklichkeiten.

In der Weiterbildung werden (1) *alle Hilfsmittel* der Vermittlung und der Lehr-Lern-Organisation als Medien bezeichnet, parallel zur Nutzung des Internets als Trägermedium könnten aber auch (2) der Seminarraum und andere *Lernorte als Trägermedien* der Weiterbildung fungieren, in einem weiten Sinne kann schließlich (3) die gesamte *Weiterbildung als ein Medium* der gesellschaftlichen Vermittlung betrachtet werden.

Im heutigen Sprachgebrauch werden unter „Medien" oft nur die „neuen (elektronisch-digitalen) Medien" verstanden. Das ist einseitig und übersieht, dass es zu jeder Zeit „neue Medien" gegeben hat, die später als veraltet gegolten oder sich erhalten haben. Von den neuen Medien in der Weiterbildung der 70er Jahre beispielsweise Video-Kamera, gedruckte Lernprogramme, Lehrmaschinen, Sprachlabor, Overhead-Projektor – hat sich eigentlich nur letzter als spezifisches Vermittlungs- und Bildungsmedium durchgesetzt.

Methoden, methodisches Vorgehen
(1) Methoden sind planmäßige Verfahren. Methoden der ***Bedarfserschließung*** gründen sich letztlich auf Verfahren der empirischen Sozialforschung, etwa der Beobachtung und Befragung (Einzelinterview, Gruppendiskussion, Fragebogen).
Verfahren der Bedarfserschließung müssen nicht allen wissenschaftlichen Gütekriterien entsprechen, da es nicht um allgemeingültige Aussagen geht, sondern um praktischen Erfolg. Es empfiehlt sich aber ein professionelles *„methodisches Vorgehen"*, etwa: die Benutzung eines eigenen Leitfadens, eine Bedarfshypothese, einen Methodenaufwand, der dem Ertrag entspricht, eine Einschätzung der Auskunftsfähigkeit von Gesprächspartnern und eine eigene Dokumentation der Ermittlungen (z.B. Recherche-Tagebuch).

(2) Methoden werden *in der* ***Didaktik*** die Vermittlungsweisen und Wege zum Lernen genannt. Dabei gibt es definierte didaktische Methoden, die meisten Methoden sind aber aus anderen Zusammenhängen bekannt (Diskussion, Lesen) und werden erst aufgrund ihres lernzielorientierten Einsatzes zu Lehr-Lern-Methoden.

Modell der Angebotsentwicklung
Als systematische Untermauerung der Angebotskonzeption wird in diesem Studienbuch ein Modell mit sechs Strukturelementen vorgeschlagen und angewendet: Lebens- und Verwendungssituation; Zielgruppe; Lernziele (kognitive, psychomotorische, soziale und emotionale Dimension); Inhalte/Themen; Organisationsform und Methoden; Lernort und Medien. Damit wird eine Art Entscheidungsliste oder Prüfraster angeboten, die der Ideenfindung, der Angebotskonzeptionierung und Dienstleistungsverbesserung dienen sollen. Das Modell wurde aus Ansätzen der lerntheoretischen Didaktik und der Curriculum-Theorie weiterentwickelt (> Didaktik). Es soll für die gesamte Weiterbildung anwendbar sein und ist deshalb auf gleichwertige Strukturelemente der Lehr-Lern-Organisation reduziert, zielt aber insgesamt auf den Nutzen für Lebens- und Verwendungssituationen ab.

Produkt
Ergebnis von Produktion, Absatzobjekt, Ware. Dienstleistungen setzen kein fertiges Produkt ab, sondern ein Dienstleistungsangebot, d.h. eine Zusage auf eine Leistung. Das eigentliche Produkt, in der Regel das Lernergebnis, entsteht durch Koproduktion zwischen Dienstleistern und Lernenden. Um diese Besonderheit gerade auch von Bildungsgütern bewusst zu halten, wird in diesem Studientext nicht von Produkten, sondern von Bildungsdienstleitungen gesprochen. Das Absatzobjekt ist ein Bildungsangebot.

Allerdings werden im Rahmen von Bildungsdienstleistungen häufig Produkte als eigene Komponenten eingesetzt, meist in Form von > Medien, z.B. als Lehrbücher oder CD-Rom.

Service
Im Englischen gleichbedeutend mit „Dienstleistung". Im deutschen Sprachgebrauch versteht man dagegen unter „Service" (oder Serviceleistung) in der Regel eine Zusatzleistung, die nicht unabdingbar für die Erfüllung der eigentlichen Dienstleistung oder Kernleistung ist, aber den Entschluss zum Kauf erleichtern oder die Zufriedenheit erhöhen kann (z.B. Anmeldung per Internet, Bereitstellung von Getränken für die Unterrichtspausen usw.).

Soll-Ist-Vergleich
Verfahren in der Weiterbildungs-Bedarfserschließung: Gegenüberstellung von erwartbaren Qualifikationserfordernissen und vorhandenen Qualifikationen, die Differenz gilt als Weiterbildungsbedarf. Wegen seiner Statik nicht unumstritten, aber immer noch ein wichtiger Ansatzpunkt der > Bedarfserschließung und > Bedarfshypothese.

Teilnehmer-Partizipation

Beteiligung der (potenziellen) Lernenden an der Bedarfserschließung und der Zielbestimmung einer Weiterbildungsmaßnahme. Wichtiges Element der Angebotsgestaltung, wird aber zunehmend auch im Vorfeld der eigentlichen Maßnahmen eingesetzt, z.B. bei Auftragsmaßnahmen, um möglichen Spannungen zwischen Auftrag und Lernermotivation zu begegnen.

Weiterbildungsbeteiligung

Die Beteiligung der erwachsenen Bevölkerung an Weiterbildung ist in mehreren Forschungsarbeiten untersucht worden und wird alle drei Jahre mit Hilfe des „Berichtssystems Weiterbildung“ (BMBF) durch eine repräsentative Bevölkerungsumfrage im Hinblick auf das Vorjahr erhoben. „Weiterbildungsschere“ nennt man nach Schulenberg die Diskrepanz zwischen einer hohen Wertschätzung der Weiterbildung und der tatsächlichen Bildungsbeteiligung. Diese Schere ist bei allen gesellschaftlichen Gruppen zu beobachten, sie öffnet sich aber umso weiter, je geringer Schulbildung und Berufsstatus sind. Solche und andere Merkmale werden auch als „soziale Faktoren der Bildungsbeteiligung“ bezeichnet.

Zielgruppe

(1) In der Geschichte der Erwachsenenbildung eine Gruppe, die aus sozialpolitischen Gründen besonders zu fördern ist, insbesondere hinsichtlich der Findung und Vertretung ihrer Interessen in der Öffentlichkeit.

(2) Im Bildungsmarketing eine Gruppe, auf die sich die Strategie der Marksegmentierung ausrichtet. Ziele können sein: die Gewinnung eines Nischenvorteils, gezielteres Marketing und Homogenisierung von Lerngruppen. Zugleich ein Strukturelement im hier verwendeten Modell der Angebotsentwicklung.

(3) Als „***Zielgruppenentwicklung***“ wird in diesem Studienbuch eine Strategie der Gewinnung einer solchen Gruppe durch aktivierende Verfahren bezeichnet (aufsuchende Bildungsarbeit; Gleichzeitigkeit von Bedarfserschließung, Angebotsentwicklung, Werbung und Realisierung).

7 Literaturverzeichnis

Aebli, Hans (2003): Zwölf Grundformen des Lehrens. Eine allgemeine Didaktik auf psychologischer Grundlage. Stuttgart.

Arnold, Rolf/Siebert, Horst (1995): Konstruktivistische Erwachsenenbildung. Baltmannsweiler.

Barz, Heiner/Tippelt, Rudolf (Hg.) (2004): Weiterbildung und soziale Milieus in Deutschland. Bd. 1: Praxishandbuch Milieumarketing. Bd. 2: Adressaten- und Milieuforschung zu Weiterbildungsverhalten und -interessen. Bielefeld.

Bauer, Rudolf (2001): Personenbezogene soziale Dienstleistungen. Begriff, Qualität und Zukunft. Wiesbaden.

BIBB (Hg.) (2003): Aktuelle Informationen aus der Modellversuchspraxis Nr. 2/Dez. 2003.

Bieberstein, Ingo (2006): Dienstleistungs-Marketing. Ludwigshafen.

Biehal, Franz (Hg.) (1994): LeanService. Dienstleistungsmanagement der Zukunft für Unternehmen und Non-Profit-Organisationen. Bern/Wien.

BMBF (Bundesministerium für Bildung und Forschung) (Hg.) (2003): Berichtssystem Weiterbildung VIII. Bonn.

Bolder; Axel/Hendrich, Wolfgang (2000): Fremde Bildungswelten. Alternative Strategien lebenslangen Lernens. Opladen.

Bönig, Wolfgang (1995): Nachfrage-Options-Analyse für Volkshochschulen. Hannover: Landesverband der Volkshochschulen Niedersachsens.

Brocher, Tobias (1999): Gruppenberatung und Gruppendynamik. Leonberg. (erstmals 1967 unter dem Titel „Gruppendynamik und Erwachsenenbildung")

Brüning, Gerhild/Kuwan, Helmut (2002): Benachteiligte und Bildungsferne – Empfehlungen für die Weiterbildung. Bielefeld.

Bundesvereinigung der Deutschen Arbeitgeberverbände (Hg.) (1988): Instrumente der Personalarbeit: Praktische Arbeitshilfen für Klein- und Mittelbetriebe. Köln.

Cohn, Ruth (2000): Von der Psychoanalyse zur Themenzentrierten Interaktion. Von der Behandlung einzelner zur Pädagogik für alle. Stuttgart.

DIE (Deutsches Institut für Erwachsenenbildung) (Hg.): Volkshochschul-Statistik. Bielefeld/Bonn (erscheint jährlich, früher als „Statistische Mitteilungen des deutschen Volkshochschulverbandes", jetzt als Internet-Ausgabe unter: www.die-bonn.de)

DIE (Deutsches Institut für Erwachsenenbildung) (Hg.) (2003): Praxis „wider den vorauseilenden Skeptizismus". Preis für Innovation in der Erwachsenenbildung. Bonn (CD-Rom)

Döring, Klaus W./Ritter-Mamczek, Bettina (2002): Lehren und Trainieren in der Weiterbildung. Ein praxisorientierter Leitfaden. Weinheim.

Döring, Ottmar (1995): Strukturen der Zusammenarbeit von Betrieben und Weiterbildungsinstitutionen in der beruflichen Weiterbildung. Aachen.

Euler, Dieter (2002): E-Learning – eine neue Modewelle oder Chancen für das Bildungsmanagement? In: Götz, Klaus (Hg.): Bildungsarbeit der Zukunft. München, S. 105–124.

Friedrichs, Jürgen (1997): Methoden empirischer Sozialforschung. Opladen.

Gerhard, Rolf (1992): Bedarfsermittlung in der Weiterbildung. Hohengeren.

Gershuny, Jonathan (1981): Die Ökonomie der nachindustriellen Gesellschaft. Produktion und Verbrauch von Dienstleistungen. Frankfurt.

Gerstenmaier, Jochen/Mandl, Heinz (1999): Konstruktivistische Ansätze in der Erwachsenenbildung und Weiterbildung. In: Tippelt, Rolf (Hg.): Handbuch der Erwachsenenbildung-Weiterbildung. Opladen, S. 184–192.

Gieseke, Wiltrud (Hg.) (2000): Programmplanung als Bildungsmanagement? Qualitative Studie in Perspektivverschränkung. Recklinghausen.

Götz, Klaus/Häfner, Peter (2005): Didaktische Organisation von Lehr- und Lernprozessen. Ein Lehrbuch für Schule und Erwachsenenbildung. Weinheim.

Grotlüschen; Anke (2003): Widerständiges Lernen im WEB – virtuell selbstbestimmt? Eine qualitative Studie über E-Learning in der beruflichen Erwachsenenbildung. Münster.

Grüner, Herbert (2000): Die Bestimmung der betrieblichen Weiterbildungsbedarfs: eine betriebspädagogische Untersuchung am Beispiel gewerblich-mittelständischer Unternehmungen. Frankfurt.

Haller, Sabine (2002): Dienstleistungsmanagement: Grundlagen, Konzepte, Instrumente. Wiesbaden.

Häußermann, Hartmut/Siebel, Walter (1995): Dienstleistungsgesellschaften. Frankfurt.

Heyse, Volker/Erpenbeck, John/Michel, Lutz (2002): Kompetenzprofiling: Weiterbildungsbedarf und Lernformen in Zukunftsbranchen. Münster.

Hoffmann, Thomas/Kohl, Heribert/Schreuers, Margarete (Hg.) (2000): Weiterbildung als kooperative Gestaltungsaufgabe. Neuwied/Kriftel.

Holzkamp, Klaus (1995): Lernen. Subjektwissenschaftliche Grundlegung. Frankfurt.

Iller, Carola/Sixt, Arnika (2004): Weiterbildungsanbieter als „feste Ansprechpartner“ für die Weiterbildung in kleinen und mittleren Unternehmen. In: Report 2/2004, S. 17–23

Janck, Werner/Meyer, Hilbert (2002): Didaktische Modelle. Berlin.

Jechle, Thomas u.a. (1994): Bedarfsermittlung in der Weiterbildung. In: Unterrichtswissenschaft 1/1994, S. 3–22.

Kejcz, Yvonne u.a. (1979): Lernen an Erfahrungen? Eine Fallstudie über Bildungsarbeit mit Industriearbeiterinnen. Bonn.

KGst (Kommunale Gemeinschaftsstelle für Verwaltungsvereinfachung) (1994): Das neue Steuerungsmodell. Definition und Beschreibung von Produkten. Köln 8/1994.

Kil, Monika/Körber, Klaus/Rippien, Horst (2004): Neue Weiterbildungsorganisationen? Explorative Fallstudien zu Entwicklungen und „Grenzfällen“ im Leistungs- und Organisationspektrum von Weiterbildung. In : Der pädagogische Blick 2/2004, S. 90–107.

Kil, Monika/Schlutz, Erhard (2006): Veränderungen in Leistungen und Organisationen der Weiterbildung – mit Experteneinschätzungen zur aktuellen Lage. In: Meisel, Klaus/Schiersmann, Christiane (Hg.): Zukunft Weiterbildung. Festschrift für Ekkehard Nuissl. Münster (im Erscheinen)

Kiper, Hanna/Mischke, Wolfgang (2004): Einführung in die Allgemeine Didaktik. Weinheim.

Kirchhoff, Sabine u.a. (2003): Der Fragebogen. Datenbasis, Konstruktion und Auswertung. Opladen.

Klafki, Wolfgang (1965): Neue Studien zur Bildungstheorie und Didaktik. Weinheim.

Körber, Klaus u.a. (1995): Das Weiterbildungsangebot im Lande Bremen. Bremen. Strukturen und Entwicklungen in einer städtischen Region. Bremen.

Kotler, Philipp/Bliemel, Friedhelm (2001): Marketing-Management. Analyse, Planung, Umsetzung und Steuerung. Stuttgart.

Loeber, Herbert/Severing, Eckart (Hg.) (2005): Bildungsträger werden Bildungsdienstleister. Konzepte, Erfahrungen, Perspektiven. Bielefeld.

Mandl, Heinz/Kopp, Brigitte (2004): Aktuelle theoretische Ansätze und empirische Befunde im Bereich der Lehr-Lern-Forschung. Schwerpunkt Erwachsenenbildung. München: Institut für Empirische Pädagogik und Pädagogische Psychologie.

Marchl, Gabriele/Stark, Gerhard (1999): Bedarfsgerechte Weiterbildung für Ihren Betrieb. Praktische Hinweise zur Kooperation mit Bildungsanbietern. Bielefeld.

Mayring, Philipp (2001): Einführung in die qualitative Sozialforschung. Ein Einleitung zu qualitativem Denken. Weinheim.

Meisel, Klaus (Hg.) (1997): Preis für Innovationen in der Erwachsenenbildung. Frankfurt.

Möller, Svenja (2002): Marketing in der Weiterbildung. Eine empirische Studie an Volkshochschulen. Bielefeld.

Müller-Hagedorn, Lothar/Schückel, Marcus (2003): Einführung in das Marketing. Darmstadt.

Netzer, Thomas (2000): Das Partnerschaftsmodell als Erfolgsfaktor wissensintensiver Dienstleistungen. Köln.

Rein, Antje von (2000): Öffentlichkeitsarbeit in der Weiterbildung: am Beispiel von Volkshochschulen. Bielefeld.

Reischmann, Jost (2003): Weiterbildungs-Evaluation. Lernerfolge messbar machen. Neuwied.

Robinsohn, Saul B. (1971): Bildungsreform als Revision des Curriculum. Neuwied.

Schäffter, Ortfried (1998): Weiterbildung in der Transformationsgesellschaft. Berlin.

Schlutz, Erhard (Hg.) (1995): Die Bremer Volkshochschule. Geschichte, Programmentwicklung, Perspektiven. Bremen.

Schlutz, Erhard (Hg.) (2002): Innovationen in der Erwachsenenbildung – Bildung in Bewegung. Bielefeld.

Schlutz, Erhard (1999a): Medien – Motor oder Mittler pädagogischer Innovationen. In: ders., Lernkulturen, S. 137–153.

Schlutz, Erhard (Hg.) (1999b): Lernkulturen. Innovationen, Preise, Perspektiven. Frankfurt.

Schlutz, Erhard (1997): Anbieterlandschaft und Marktentwicklung. In: Geißler, Harald (Hg.): Weiterbildungsmarketing. Neuwied. S. 151–170.

Schlutz, Erhard (1991): Erschließen von Bildungsbedarf. Bonn.

Schlutz, Erhard (1984): Sprache, Bildung und Verständigung. Bad Heilbrunn.

Schrader, Josef (2000): Systembildung in der Weiterbildung unter den Bedingungen halbierter Professionalisierung. Weiterbildungsangebote und Weiterbildungsanbieter im Wandel. Bremen.

Schulenberg, Wolfgang u.a. (1978): Soziale Faktoren der Bildungsbereitschaft Erwachsener. Eine empirische Untersuchung. Stuttgart.

Schulz, Wolfgang (1981): Unterrichtsplanung. München.

Siebert, Horst (2003): Didaktisches Handeln in der Erwachsenenbildung. Didaktik aus konstruktivistischer Sicht. Neuwied.

Stahl, Thomas/Michaela Stölzl (Hg.) (1994): Bildungsmarketing im Spannungsfeld von Organisationsentwicklung und Personalentwicklung. Bielefeld.

Staudt, Erich (1990): Defizitanalyse betrieblicher Weiterbildung. In: Schlaffke, Winfried/Weiß, Reinhold (Hg.): Tendenzen betrieblicher Weiterbildung. Köln, S. 36–78.

Straka, Gerald A./Macke, Gerd (2005): Lern-Lehr-Theoretische Didaktik. Münster u.a.

Strambach, Simone (1999): Wissensintensive Dienstleistungen im Innovationssystem von Baden-Württemberg. Am Beispiel der technischen Dienstleistungen. Stuttgart.

Thomke, Stefan (2003): Innovationen für den Service. In: Harvard Business Review, Juli 2003, S. 44–61.

Tippelt, Rudolf/Weiland, Meike/Panyr, Sylvia/Barz, Heiner (2003): Weiterbildung, Lebensstil und soziale Lage in einer Metropole. Studie zu Weiterbildungsverhalten und -interessen der Münchner Bevölkerung. Bielefeld.